"十四五"职业教育国家规划教材

全国机械职业教育教学指导委员会"十三五"工业机器人
技术专业推荐教材

李培根 宋天虎 丁汉 陈晓明／顾问

工业机器人操作与编程
（第三版）

主　编　叶伯生
副主编　宋艳丽　孙海亮　龚东军
参　编　石义淮　金　磊　涂　浩

华中科技大学出版社
中国·武汉

内 容 简 介

本书在介绍工业机器人概念、组成、分类和坐标系等基础知识的基础上,以配备华数Ⅲ型示教器的华数HSR-6工业机器人为主要对象,介绍了华数Ⅲ型示教器HSpad的使用,以及如何使用HSpad示教器实现工业机器人的手动操作,进而以写字、搬运、码垛、视觉分拣和智能产线等现实的工业应用为案例,基于加工工艺和编程指令,详细阐述了从运动规划、示教前准备、示教编程到运动再现的机器人应用全过程。最后介绍了如何利用华数InteRobot离线编程软件实现机器人的离线编程,并介绍了通过数字孪生虚拟调试软件实现虚拟机器人工作站的布局与仿真调试的案例。

本书可用作两年制中等职业技术院校机电一体化等专业,以及各类成人教育学院、高职院校、技校相关专业的教材,也适合用作各类工业机器人编程与操作培训班的教材,还可作为从事工业机器人技术研究、开发的工程技术人员的参考书。

图书在版编目(CIP)数据

工业机器人操作与编程/叶伯生主编. —3版. —武汉:华中科技大学出版社,2022.12(2025.2重印)
ISBN 978-7-5680-8758-2

Ⅰ.①工… Ⅱ.①叶… Ⅲ.①工业机器人-操作 ②工业机器人-程序设计 Ⅳ.①TP242.2

中国国家版本馆 CIP 数据核字(2023)第 006013 号

工业机器人操作与编程(第三版)
Gongye Jiqiren Caozuo yu Bianchen(Di-san Ban)

叶伯生 主编

策划编辑:俞道凯 胡周昊
责任编辑:吴 晗
封面设计:廖亚萍
责任监印:周治超
出版发行:华中科技大学出版社(中国·武汉)   电话:(027)81321913
　　　　　武汉市东湖新技术开发区华工科技园   邮编:430223
录　　排:武汉三月禾文化传播有限公司
印　　刷:武汉市籍缘印刷厂
开　　本:787mm×1092mm 1/16
印　　张:14
字　　数:349 千字
版　　次:2025 年 2 月第 3 版第 3 次印刷
定　　价:49.80 元

全国机械职业教育教学指导委员会"十三五"工业机器人技术专业推荐教材

指导委员会

（排名不分先后）

主 任 单 位	全国机械职业教育教学指导委员会	
副主任单位	武汉华中数控股份有限公司	重庆华数机器人有限公司
	佛山华数机器人有限公司	深圳华数机器人有限公司
	武汉高德信息产业有限公司	华中科技大学
	武汉软件工程职业学院	包头职业技术学院
	鄂尔多斯职业学院	重庆市工业技师学院
	重庆市机械高级技工学校	辽宁建筑职业学院
	长春市机械工业学校	内蒙古机电职业技术学院
	华中科技大学出版社	电子工业出版社
秘书长单位	武汉高德信息产业有限公司	
成 员 单 位	重庆华数机器人有限公司	佛山华数机器人有限公司
	深圳华数机器人有限公司	包头职业技术学院
	武汉软件工程职业学院	重庆市工业技师学院
	东莞理工学院	武汉市第二轻工业学校
	鄂尔多斯职业学院	重庆工贸职业技术学院
	重庆市机械高级技工学校	河南森茂机械有限公司
	四川仪表工业学校	长春市机械工业学校
	长春职业技术学院	赤峰工业职业技术学院
	武汉华大新型电机科技股份有限公司	石家庄市职业教育技术中心
	内蒙古机电职业技术学院	成都工业职业技术学院
	辽宁建筑职业学院	佛山市华材职业技术学校
	广东轻工职业技术学院	佛山市南海区盐步职业技术学校
	武汉高德信息产业有限公司	许昌技术经济学校
	机械工业出版社	华中科技大学出版社
	武汉华中数控股份有限公司	华中科技大学

序

当前,以机器人为代表的智能制造,正逐渐成为全球新一轮生产技术革命浪潮中最澎湃的浪花,推动着各国经济发展的进程。随着工业互联网云计算、大数据、物联网等新一代信息技术的快速发展,社会智能化的发展趋势日益显现,机器人的服务也从工业制造领域,逐渐拓展到教育娱乐、医疗康复、安防救灾等诸多领域。机器人已成为智能社会不可或缺的人类助手。就国际形势来看,美国"再工业化"战略、德国"工业4.0"战略、欧洲"火花计划"、日本"机器人新战略"等,均将机器人产业作为发展重点,试图通过数字化、网络化、智能化夺回制造业优势。就国内发展而言,经济下行压力增大、环境约束日益趋紧、人口红利逐渐摊薄,产业迫切需要转型升级,形成增长新引擎,适应经济新常态。目前,中国政府提出"中国制造2025"战略规划,其中以机器人为代表的智能制造是难点也是挑战,是思路更是出路。

近年来,随着劳动力成本的上升和工厂自动化程度的提高,中国工业机器人市场正步入快速发展阶段。据统计,2015年上半年我国机器人销量达到5.6万台,增幅超过了50%,中国已经成为全球最大的工业机器人市场。据国际机器人联合会的统计显示,2014年在全球工业机器人大军中,中国企业的机器人使用数量约占四分之一。而预计到2017年,我国工业机器人数量将居全球之首。然而,机器人技术人才急缺,"数十万年薪难聘机器人技术人才"已经成为社会热点问题。因此,机器人产业发展,人才培养必须先行。

目前,我国职业院校较少开设机器人相关专业,缺乏相应的师资和配套的教材,也缺少工业机器人实训设施。这样的条件,很难培养出合格的机器人技术人才,也将严重制约机器人产业的发展。

综上所述,要实现我国机器人产业发展目标,在职业院校进行工业机器人技术人才及骨干师资培养示范院校建设,为机器人产业的发展提供人才资源支撑,就显得非常必要和紧迫。面对机器人产业强劲的发展势头,不论是从事工业机器人系统的操作、编程、运行与管理等工作的高技能应用型人才,还是从事一线教学的广大教育工作者都迫切需要实用性强、通俗易懂的机器人专业教材。编写和出版职业院校的机器人专业教材迫在眉睫,意义重大。

在这样的背景下,武汉华中数控股份有限公司与华中科技大学国家数控系统工程技术研究中心、武汉高德信息产业有限公司、华中科技大学出版社、电子工业出版社、武汉软件工程职业学院、包头职业技术学院、鄂尔多斯职业学院等单位,产、学、研、用相结合,组建"工业机器人产教联盟",组织企业调研,并开展研讨会,编写了本系列教材。

本系列教材具有以下鲜明的特点。

前瞻性强。作为一个服务于经济社会发展的新专业,本系列教材含有工业机器人高职人才培养方案、高职工业机器人专业建设标准、课程建设标准、工业机器人拆装与调试等内容,覆盖面广,前瞻性强,是针对机器人专业职业教学的一次有效、有益的大胆尝试。

系统性强。本系列教材基于自动化、机电一体化等专业开设的工业机器人相关课程需要编写;针对数控实习进行改革创新,引入工业机器人实训项目;根据企业应用需求,构建工业机器人教学信息化平台等,为课程体系建设提供了必要的系统性支撑。

实用性强。依托本系列教材,可以开设如下课程:机器人操作、机器人编程、机器人维护维修、机器人离线编程系统、机器人应用等。本系列教材凸显理论与实践一体化的教学理念,把导、学、教、做、评等环节有机地结合在一起,以"弱化理论、强化实操,实用、够用"为目的,加强对学生实操能力的培养,让学生在"做中学,学中做",贴合当前职业教育改革与发展的精神和要求。

参与本系列教材建设的包括行业企业带头人和一线教学、科研人员,他们有着丰富的机器人教学和实践经验。经过反复研讨、修订和论证,完成了编写工作。在这里也希望同行专家和读者对本系列教材不吝赐教,给予批评指正。我坚信,在众多有识之士的努力下,本系列教材的功效一定会得以彰显,前人对机器人的探索精神,将在新的时代得到传承和发扬。

"长江学者奖励计划"特聘教授
华中科技大学教授、博导

2015 年 7 月

第三版前言

随着中国经济持续快速的发展，人民生活水平不断地提高，劳动力供应格局已经逐步从"买方"市场转为"卖方"市场，从供过于求转向供不应求。在这种环境下，工业机器人得到了越来越广泛的应用。然而，能熟练掌握工业机器人编程、操作的复合型应用技术人才却大量短缺。为培养此类人才，切实贯彻《国务院关于大力推进职业教育改革与发展的决定》，我们在华中科技大学出版社的组织下编写了本书。

本书在内容取材方面紧密结合中等职业教育的教学实际情况，坚持高技能人才的培养方向，重实践，轻理论，强调实用性；同时，力争突出时代感，反映我国工业机器人领域的研究现状和最新成果。本书以国内中等职业院校使用比较普遍的配备华数Ⅲ型示教器的华中HSR-6 工业机器人为蓝本，以一个介绍性项目、五个具体应用项目、一个离线编程项目和一个数字孪生虚拟调试案例为载体，介绍其编程与操作。全书力求文字叙述深入浅出，内容编排循序渐进。

全书共分八个项目。项目一概要地介绍了工业机器人的基础知识与基本操作，包括工业机器人的概念、组成和分类、HSR-6 工业机器人的坐标系、HSR-6 工业机器人的操作装置——华数Ⅲ型示教器 HSpad，并对 HSR-6 工业机器人的手动操作进行了讲解；项目二至项目六介绍了五个工业机器人典型应用案例，包括机器人写字、搬运、码垛、视觉分拣和智能产线，详细介绍了这些案例所用的编程指令、示教编程与再现过程中使用示教器的操作界面、操作机器人的步骤和方法，让读者通过工业机器人典型应用的学习，掌握工业机器人操作与编程的方法与技巧；项目七介绍了华数机器人 InteRobot 离线编程软件各功能模块及使用方法，使读者能熟练使用离线编程软件各功能模块完成机器人的离线编程；项目八介绍通过数字孪生虚拟调试软件在虚拟场景中完成工业机器人关节底座与电动机筒体部件的装配，实现虚拟机器人工作站的布局与仿真调试的案例。

本书项目一由华中科技大学叶伯生编写，项目二、三由叶伯生、武汉交通职业学院宋艳丽编写，项目四由武汉软件工程职业学院涂浩编写，项目五由武汉软件工程职业学院龚东军编写，项目六、七由武汉华中数控股份有限公司孙海亮、石义淮编写，项目八由武汉高德信息产业有限公司金磊编写，全书由叶伯生统稿和定稿。佛山华数机器人有限公司和重庆华数机器人有限公司各位同仁为本书的出版付出了辛勤劳动，在此表示衷心的感谢。在本书编写过程中，编者还参阅了国内外有关数控技术的文献，在此对各位作者致以诚挚的谢意。

由于编者水平有限，书中缺点和错误在所难免，殷切希望广大读者提出宝贵的意见以便进一步修改。

编　者

2022 年 11 月

目　　录

项目一　工业机器人基础知识与基本操作

【项目介绍】

工业机器人是集机械、电子、控制、计算机、传感器、人工智能等多学科先进技术于一体的现代制造业重要的自动化装备。自从 1962 年美国研制出世界上第一台工业机器人以来，机器人技术及其产品就得到了快速发展，现已成为柔性制造系统（flexible manufacture system，FMS）、自动化工厂（factory automation，FA）、计算机集成制造系统（computer/contemporary integrated manufacturing systems，CIMS）的自动化工具。

工业机器人可以承担生产线精密零件的组装任务，更可替代人工在不良工作环境中进行喷涂、焊接、装配等工作，对保障人身安全，减轻人员劳动强度，提高产品品质和劳动生产率，节约原材料消耗以及降低生产成本有着十分重要的意义。

本项目通过对工业机器人基础知识与基本操作的学习，使学生能对机器人的基本组成、操作规范与安全、示教器的基本操作有系统的了解和认识，达到具备对机器人进行坐标系设定、简单手动操作的能力，为学习工业机器人编程操作做好技术准备。

【教学目标】

- 掌握工业机器人的组成；
- 理解工业机器人世界坐标系、基坐标系与工具坐标系的意义；
- 熟悉示教器的操作界面与基本功能；
- 能使用示教器在关节坐标系下安全操作工业机器人；
- 能使用示教器设置工具坐标系与基坐标系。

【技能要求】

- 能安全启动工业机器人；
- 能按安全操作规程操作工业机器人；
- 能完成单轴移动的手动操作；
- 通过学习，学会收集、分析、整理参考资料的技能。

任务一　工业机器人的基础知识

工作任务

在对工业机器人进行编程、操作之前，需要了解工业机器人的基本概念、分类、组成与基本工作原理，并掌握工业机器人控制系统对机器人关节正方向、坐标系的定义，了解工业机器人位姿表示等相关知识。

理论知识

一、工业机器人概念

机器人(robot)一词来源于 1920 年捷克作家卡雷尔·卡佩克发表的科幻剧本《罗萨姆的万能机器人》。在该剧中,卡佩克把捷克语"robota"写成了"robot","robota"是奴隶的意思,被当成了机器人一词的起源,一直沿用至今。

卡佩克提出的是机器人的安全、感知和自我繁殖问题。虽然科幻世界只是一种想象,但科学技术的进步很可能引发人类不希望出现的问题。

为了防止机器人伤害人类,科幻作家阿西莫夫(Isaac Asimov)于 1940 年提出了"机器人三原则":

① 机器人不应伤害人类;

② 机器人应遵守人类的命令,与第一条违背的命令除外;

③ 机器人应能保护自己,与第一条相抵触者除外。

这是给机器人赋予的伦理性纲领。机器人学术界一直将这三原则作为机器人开发的准则。

在 1967 年日本召开的第一届机器人学术会议上,就提出了两个对机器人的有代表性的定义。一个是森政弘与合田周平提出的:机器人是一种具有移动性、个体性、智能性、通用性、半机械半人性、自动性、奴隶性等 7 种特性的柔性机器。从这一定义出发,森政弘又提出了用自动性、智能性、个体性、半机械半人性、作业性、通用性、信息性、柔性、有限性、移动性等 10 种特性来表示机器人的形象。另一个是加藤一郎提出的具有如下 3 个条件的机器称为机器人:具有脑、手、脚等三要素的个体;具有非接触传感器(用眼、耳接收远方信息)和接触传感器;具有平衡觉和固有觉的传感器。

目前国际上对机器人的概念已经逐渐趋近一致。一般来说,人们都可以接受这种说法,即机器人是靠自身动力和控制能力来实现各种功能的一种机器装置。它既可以接受人类指挥,又可以运行预先编排的程序,也可以根据人工智能技术制定的原则和纲领行动。它的任务是协助或取代人类工作,完成生产业、建筑业,甚至是危险行业的工作。美国机器人协会(RIA)对机器人的定义是:"一种用于实现材料、零部件、工具和特殊装置移动,通过可编程序动作来执行任务,并具有编程能力的多功能操作机。"日本产业机器人协会(JIRA)的定义是:"在三维空间具有类似人体上肢动作机能及其结构,并能完成复杂空间动作的多自由度的自动机械"或"根据感觉机能或认识机能,能够自行决定行动的机器(智能机器人)"。国际标准化组织(ISO)对机器人的定义:"工业机器人是一种具有自动控制的操作和移动功能,能完成各种作业的可编程操作机。"中国科学家对机器人的定义:"机器人是一种自动化的机器,所不同的是这种机器具备一些与人或生物相似的智能能力,如感知能力、规划能力、动作能力和协同能力,是一种具有高度灵活性的自动化机器。"

中国的机器人专家从应用环境出发,将机器人分为两大类,即工业机器人和特种机器人。所谓工业机器人就是面向工业领域的多关节机械手或多自由度机器人。而特种机器人则是除工业机器人之外的、用于非制造业并服务于人类的各种先进机器人,包括服务机器人、水下机器人、娱乐机器人、军用机器人、农业机器人、机器人化机器等。在特种机器人中,有些分支发展很快,有独立成体系的趋势。国际上的机器人学者从应用环境出发,也将机器人分为两类:制造环境下的工业机器人和非制造环境下的服务与仿人型机器人,这和中国的分类是一致的。

综上所述,工业机器人是面向工业领域的多关节机械手或多自由度的机器人。工业机器人是自动执行工作的机器装置,是靠自身动力和控制能力来实现各种功能的一种机器。它可以接受人类指挥,也可以按照预先编排的程序运行,现代的工业机器人还可以根据人工智能技术制定的原则和纲领行动。

二、工业机器人的发展概况

工业机器人的问世大约是在 20 世纪 60 年代,微处理机的诞生大约是在 20 世纪 70 年代。正是微处理机的出现,以及各种大规模集成电路(large-scale integration,LSI)和超大规模集成电路(very-large-scale integration,VLSI)的飞跃发展,才使得工业机器人控制系统的技能大幅度提高,从而使数百种不同结构、不同控制方法、不同用途的工业机器人终于在 20 世纪 80 年代真正进入实用与普及的阶段,并发挥了令人难以置信的巨大威力,产生了巨大的经济效益。

1959 年,美国发明家约瑟夫·英格伯格与德沃尔联手制造出第一台工业机器人。随后,成立了世界上第一家机器人制造工厂——Unimation 公司。由于英格伯格对工业机器人的研发和宣传,他也被称为“工业机器人之父”。一开始 Unimation 机器人的主要用途是从一个点传递对象到另一个点,传递距离不到 10 ft(1 ft=0.3048 m),Unimation 机器人 Unimate 也被称为可编程移机。Unimation 机器人采用液压执行机构,并被编入关节坐标,它们的工作精度可达 1/10 000 in(1 in=2.54 cm)。这是第一代示教再现型机器人的雏形(通过引导或其他方式,先教会机器人动作,输入工作程序,机器人则自动重复进行作业)。

1962 年,美国 AMF 公司生产出“VERSTRAN”(意思是万能搬运),与 Unimation 公司生产的 Unimate 一样成为真正商业化的工业机器人,并出口到世界各国,掀起了全世界对机器人研究的热潮。

1962—1963 年,传感器的应用提高了机器人的可操作性。人们试着在机器人上安装各种各样的传感器,包括 1961 年恩斯特采用的触觉传感器,1962 年托莫维奇和博尼在世界上最早的“灵巧手”上用到了压力传感器,而麦卡锡 1963 年则开始在机器人中加入视觉传感系统,并在 1964 年帮助麻省理工学院推出了世界上第一个带有视觉传感器,能识别并定位积木的感知型机器人(利用传感器获取的信息控制机器人的动作),拉开了第二代机器人研发的序幕。

1965 年,约翰·霍普金斯大学应用物理实验室研制出 Beast 机器人。Beast 已经能通过声呐系统、光电管等装置,根据环境校正自己的位置。20 世纪 60 年代中期开始,美国麻省理工学院、斯坦福大学,以及英国爱丁堡大学等陆续成立了机器人实验室。

1968 年,美国斯坦福研究所公布其研发成功的机器人 Shakey。Shakey 带有视觉传感器,能根据人的指令发现并抓取积木,不过控制它的计算机有一个房间那么大。Shakey 可以算是世界第一台智能机器人(以人工智能决定其行动的机器人),Shakey 的问世拉开了第三代机器人研发的序幕。

1969 年,日本早稻田大学加藤一郎实验室研发出第一台以双脚行走的机器人。加藤一郎长期致力于研究仿人机器人,被誉为“仿人机器人之父”。日本专家一向以研发仿人机器人和娱乐机器人的技术见长,后来本田公司开发出了 ASIMO 仿人机器人,索尼公司开发出了 QRIO 仿人机器人。

1973 年,美国 Cincinnati Milacron 公司第一次将机器人和小型计算机结合,开发出了机器人 T3。

1978年,美国 Unimation 公司推出通用工业机器人 PUMA,这标志着工业机器人技术已经完全成熟。PUMA 至今仍然工作在工厂第一线。

工业机器人在欧洲和日本的发展也相当快,ABB(原 ASEA)在 1973 年推出世界上首台市售全电动微型处理器控制的机器人 IRB 6(前两个 IRB 6 机器人被出售给马格努森在瑞典进行研磨和抛光管弯曲);同样是在 1973 年,库卡机器人公司开发出了自己的第一个 6 关节机器人,被称为 FAMULUS;1974 年,日本 FANUC 公司生产出了首台 FANUC 机器人,1976 年投放市场。ABB 机器人、库卡机器人、FANUC 机器人至今仍然是工厂第一线的主力机器人。

综上,工业机器人的发展经历了三个阶段:

第一代工业机器人是指 T/P(teaching/playback)方式即示教/再现方式的机器人。这种机器人可以接受示教而完成各种简单的重复动作,示教过程中,机械手可依次通过工作任务的各个位置,这些位置序列全部记录在存储器内,任务的执行过程中,机器人的各个关节在伺服驱动下依次再现上述位置,故这种机器人的主要技术功能被称示教再现。

第二代工业机器人是具有一些简单智能、可行走、能对周围环境做出反应的感知型机器人,这种机器人配有相应的传感器,对外界环境有一定的感知能力,能利用传感器获取的信息动作,在机械、电子等生产领域得到了广泛的应用。

第三代机器人称为智能机器人。这种机器人不仅具有类似人的视觉、触觉等智能,而且还具有像人一样的逻辑思维、逻辑判断机能,能推理、决策、自我规划、自我学习,有自立性。

工业机器人正逐渐向着具有行走能力、具有多种感知能力、具有较强的对作业环境的自适应能力的方向发展。目前,对全球机器人技术的发展最有影响力的国家是美国和日本。美国在工业机器人技术的综合研究水平上仍处于领先地位,而日本生产的工业机器人在数量、种类方面则居世界首位。

三、工业机器人的主要特点

工业机器人最显著的特点如下:

(1)可编程。生产自动化的进一步发展是柔性启动化。工业机器人可随其工作环境变化的需要而再编程,因此它在小批量多品种具有均衡高效率的柔性制造过程中能发挥很好的功用,是柔性制造系统中的一个重要组成部分。

(2)拟人化。工业机器人在机械结构上有类似人的行走、腰转、大臂、小臂、手腕、手爪等部分,采用电脑控制。此外,智能化工业机器人还有许多类似人类的"生物传感器",如皮肤型接触传感器、力传感器、负载传感器、视觉传感器、声觉传感器、语言功能等。传感器提高了工业机器人对周围环境的自适应能力。

(3)通用性。除了专门设计的专用工业机器人外,一般工业机器人在执行不同的作业任务时具有较好的通用性。比如,更换工业机器人手部末端操作器(手爪、工具等)便可执行不同的作业任务。

(4)工业机器人技术涉及的学科相当广泛,归纳起来是机械技术和微电子技术的结合,即机电一体化技术。第三代智能机器人不仅具有获取外部环境信息的各种传感器,而且还具有记忆能力、语言理解能力、图像识别能力、推理判断能力等人工智能,这些都与微电子技术的应用,特别是计算机技术的应用密切相关。因此,机器人技术的发展必将带动其他技术的发展,机器人技术的发展和应用水平也可以反映一个国家科学技术和工业技术的发展水平。

任务实践

一、工业机器人的分类

按照不同的分类标准,工业机器人有着不同的分类方法。

1. 按用途分类

工业机器人作为完成任务的机器,按用途分类可分为以下几种。

1)搬运、上料机器人

搬运、上料机器人可广泛应用于机械、电子、纺织、卷烟、医疗、食品、造纸等行业的柔性搬运、传输等作业;也用于自动化立体仓库、柔性加工系统、柔性装配系统(以 AGV 作为活动装配平台);同时可在车站、机场、邮局的物品分拣中作为运输工具。

2)喷釉机器人

喷釉是陶瓷生产中的一个重要环节。采用人工作业的方式进行施釉产品质量难以保证,而且工人劳动强度大,对身体健康有损害,加之喷釉是陶瓷生产中较易实现自动化的环节,近年来,意大利、德国、日本等国相继使用机器人在施釉线上进行喷釉作业。

喷釉机器人一般由机器人本体、喷枪和喷涂转台组成。转台与机器人配合的好坏直接决定了最终的釉面质量的高低。

3)焊接机器人

焊接机器人具有性能稳定、工作空间大、运动速度快和负荷能力强等特点,如图 1-1 所示。焊接质量明显优于人工焊接,大大提高了点焊作业的生产率。

图 1-1　焊接机器人

焊接机器人可细分为点焊机器人和弧焊机器人两类。

(1)点焊机器人。点焊机器人主要用于汽车整车的焊接工作,一般与整车生产线配套使用。随着汽车工业的发展,焊接生产线要求焊钳一体化,重量越来越大,165 kg 点焊机器人是当前汽车焊接中最常用的一种机器人。

(2)弧焊机器人。弧焊机器人主要应用于各类汽车零部件的焊接生产。弧焊机器人的关键是要控制多机器人及变位机的协调运动,既能保持焊枪和工件的相对姿态,以满足焊接工艺的要求,又能避免焊枪和工件的碰撞。此外弧焊机器人常采用激光传感器来实现焊接过程中的焊缝跟踪,提升焊接机器人对复杂工件进行焊接的柔性和适应性,结合视觉传感器离线观察获得焊缝跟踪的残余偏差,基于偏差统计获得补偿数据并进行机器人运动轨迹的修正,在各种工况下都能获得最佳的焊接质量。

4)激光加工机器人

激光加工机器人是将机器人技术应用于激光加工,借助高精度定位实现更加柔性的激光加工作业的工业机器人。通过对加工工件的自动检测,产生加工件的模型,继而生成加工曲线,也可以利用 CAD 数据直接加工。可用于工件的激光表面处理、打孔、焊接和模具修复等。

5)装配机器人

装配机器人是柔性自动化装配系统的核心设备,其末端执行器为适应不同的装配对象而被设计成了手爪和手腕等形式;传感系统用来获取装配机器人与环境和装配对象之间相互作用的信息。常用的装配机器人主要有通用装配操作手 (programmable universal manipula-tor for assembly)即 PUMA 机器人(最早出现于 1978 年)和平面双关节型机器人 (selective compliance assembly robot arm)即 SCARA 机器人两种类型。与一般工业机器人相比,装配机器人具有精度高、柔性好、工作范围小、能与其他系统配套使用等特点,主要用于电器制造行业。

6)最后工序机器人

最后工序机器人可完成打毛刺、分类、检验、包装等工作。

当前,工业机器人的应用领域主要有弧焊、点焊、装配、搬运、喷漆、检测、码垛、研磨抛光和激光加工等复杂作业领域。各领域应用比例如图 1-2 所示。

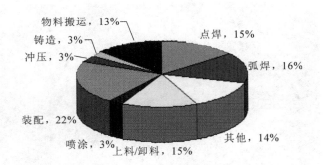

图 1-2　世界工业机器人在各领域应用比例

2.按运动形式分类

工业机器人按臂部的运动形式分为四种,如表 1-1 和图 1-3 所示。

表 1-1　按臂部的运动形式分类

参考图	类别
图 1-3(a)	直角坐标型机器人(caresian coordinates robot)
图 1-3(b)	圆筒坐标型机器人(cyliadrical coordinates robot)
图 1-3(c)	极坐标型机器人(polar coordinates robot)
图 1-3(d)	多关节型机器人(articulated robot)

直角坐标型机器人的臂部可沿三个直角坐标移动;圆柱坐标型机器人的臂部可做升降、回转和伸缩动作;极坐标型机器人的臂部能回转、俯仰和伸缩;关节型机器人的臂部有多个

转动关节。

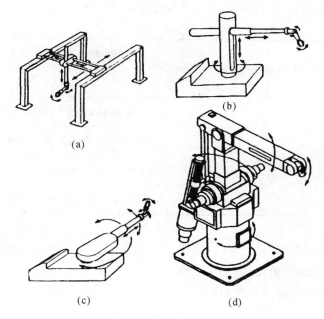

图 1-3　不同动作形态的工业机器人

3.按程序输入方式分类

工业机器人按程序输入方式区分有编程输入型机器人、示教输入型机器人和智能型机器人三类。

编程输入型机器人的输入方式是将计算机上已编好的作业程序文件,通过 RS232 串口或者以太网等通信方式传送到机器人控制柜。

示教输入型机器人的示教方法有两种:一种是由操作者用手动控制器(示教操纵盒),将指令信号传给驱动系统,使执行机构按要求的动作顺序和运动轨迹操演一遍;另一种是由操作者直接驱动执行机构按要求的动作顺序和运动轨迹操演一遍。在示教的同时,工作程序被自动存入程序存储器中,在机器人自动工作时,控制系统从程序存储器中检出相应信息,将指令信号传给驱动机构,使执行机构再现示教的各种动作。示教输入型工业机器人称为示教再现型工业机器人。

具有触觉、力觉或简单的视觉的工业机器人,能在较为复杂的环境下工作,如具有识别功能或更进一步增加自适应、自学习功能。它能按照人给的"宏指令"自选或自编程序去适应环境,并自动完成更为复杂的工作。

4.按控制功能分类

按执行机构的运动控制功能,工业机器人又可分点位型机器人和连续轨迹型机器人。

点位型机器人只控制执行机构由一点到另一点准确定位,适用于机床上下料、点焊和一般搬运、装卸等作业;连续轨迹型机器人可控制执行机构按给定轨迹运动,适用于连续焊接和涂装等作业。

5.按自由度分类

自由度指机器人所具有的可回转关节数,是反映机器人通用性、灵活性的重要指标。目前,一般商业化工业机器人的自由度大都在 3~6 个之间。

6. 按负载能力与作业范围分类

按负载能力与作业范围,工业机器人可分为五种,如表 1-2 所示。

表 1-2　按负载能力与作业范围分类

类型	负载能力与作业范围
超大型机器人	1000 kg 以上
大型机器人	100～1000 kg,作业范围 10 m² 以上
中型机器人	10～100 kg,作业范围 1～10 m²
小型机器人	0.1～10 kg,作业范围 0.1～1 m²
超小型机器人	0.1 kg 以下,作业范围 0.1 m² 以下

二、工业机器人的一般组成与工作原理

(一)工业机器人的一般组成

工业机器人由本体、驱动系统和控制系统三个基本部分组成。

1. 机器人本体

机器人本体即基座和执行机构,出于拟人化的考虑,常将本体的有关部位分别称为基座、腰部、臂部、腕部、手部(夹持器或末端执行器)和行走部(对于移动机器人)等。

机器人一般采用空间开链连杆机构,其中的运动副(转动副或移动副)常称为关节。大多数工业机器人有 3～6 个运动自由度,其中腕部通常有 1～3 个运动自由度。根据关节配置形式和运动坐标形式的不同,机器人执行机构可分为直角坐标式、圆柱坐标式、极坐标式和关节坐标式等类型。

2. 驱动系统

驱动系统包括驱动装置和检测装置,用以使执行机构产生相应的动作。

1) 驱动装置

驱动装置是驱使执行机构运动的机构,按照控制系统发出的指令信号,借助于动力元件使机器人进行动作。它输入的是电信号,输出的是线、角位移量。机器人使用的驱动装置主要是电力驱动装置,如步进电动机、伺服电动机等,此外也有采用液压、气动等驱动装置的。

2) 检测装置

检测装置用于实时检测机器人的运动及工作情况,根据需要将检测信息反馈给控制系统,控制系统将所收到的信息与设定信息相比较后,对执行机构进行调整,以保证机器人的动作符合预定的要求。

作为检测装置的传感器大致可以分为两类:一类是内部信息传感器,用于检测机器人各部分的内部状况,如各关节的位置、速度、加速度等,并将所测得的信息作为反馈信号送至控制器,形成闭环控制。另一类是外部信息传感器,用于获取有关机器人的作业对象及外界环境等方面的信息,以使机器人的动作能适应外界情况的变化,使之达到更高层次的自动化,甚至使机器人具有某种"感觉",向智能化发展,例如视觉、声觉等外部传感器给出工作对象、工作环境的有关信息,利用这些信息构成一个大的反馈回路,从而大大提高机器人的工作精度。

3.控制系统

机器人控制系统是机器人的大脑,是决定机器人功能和性能的主要部件。它的主要任务就是按照输入的程序对驱动系统和执行机构发出指令信号,控制工业机器人在工作空间中的运动位置、姿态和轨迹、操作顺序及动作的时间等,以完成特定的工作任务,其基本功能如下:

① 记忆功能:存储作业顺序、运动路径、运动方式、运动速度和与生产工艺有关的信息。

② 示教功能:离线编程,在线示教,间接示教。在线示教包括示教盒示教和导引示教两种。

③ 与外围设备联系功能:通过输入和输出接口、通信接口、网络接口、同步接口等与外围设备联系。

④ 坐标系设置功能:包括关节坐标系、绝对坐标系、工具坐标系、用户自定义坐标系四种坐标系的设置功能。

⑤ 具有人机接口:包括示教器、操作面板、显示屏。

⑥ 具有传感器接口:包括连接位置检测、视觉、触觉、力觉等传感器的接口。

⑦ 位置伺服功能:包括机器人多轴联动、运动控制、速度和加速度控制、动态补偿等功能。

⑧ 故障诊断安全保护功能:包括运行时系统状态监视、故障状态下的安全保护和故障自诊断功能。

工业机器人控制系统一般由控制计算机、示教盒和相应的输入/输出接口等组成,如图1-4 所示。

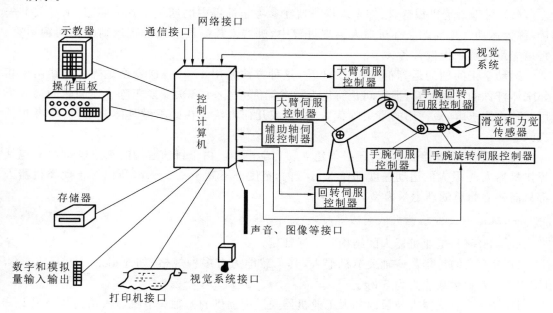

图 1-4　工业机器人控制系统的一般组成

(1)控制计算机:是控制系统的调度指挥机构。一般为微型机,微处理器有 32 位、64 位等,如奔腾系列 CPU 以及其他类型 CPU。

(2)示教器:示教器用于示教机器人的工作轨迹和参数设定,以及所有人机交互操作,拥有自己独立的 CPU 以及存储单元,与控制计算机之间以串行通信或网络通信方式实现信息交互。

　　(3) 操作面板:由各种操作按键、状态指示灯构成,只用于完成基本功能操作。

　　(4) 硬盘、软盘和 U 盘:存储机器人工作程序的外部存储器。

　　(5) 具有数字和模拟量输入/输出接口:各种状态和控制命令的输入或输出接口。

　　(6) 具有传感器接口。

　　(7) 具有轴控制接口:完成机器人各关节位置、速度和加速度控制。

　　(8) 辅助设备控制:用于和机器人配合的辅助设备控制,如手爪变位器等。

　　(9) 具有通信/网络接口:实现机器人和其他设备的信息交换,一般有串行接口、并行接口、网络接口等。

　　(二)工业机器人的工作原理

　　机器人的机械臂是由数个刚性杆体通过旋转或移动的关节串联而成的,是一个开环关节链,开环关节链的一端固接在基座上,另一端是自由的,安装着末端执行器（如焊枪）。在机器人操作时,机器人手臂前端的末端执行器必须与被加工工件处于相适应的位置和姿态,而这些位置和姿态是由若干个臂关节的运动合成的。因此,机器人运动控制中,必须要知道机械臂各关节变量空间与末端操作器的位置、姿态之间的关系,描述这种关系的模型就是机器人运动学模型。一台机器人机械臂几何结构确定后,其运动学模型即可确定,这是机器人运动控制的基础。

　　机器人手臂运动学中有两个基本问题。

　　(1) 对于给定机械臂,已知各关节角矢量,求末端执行器相对于参考坐标系的位置和姿态,称为运动学正问题。在机器人示教过程中。机器人控制器逐点进行运动学正问题运算。

　　(2) 对于给定机械臂,已知末端操作器在参考坐标系中的期望位置和姿态,求各关节矢量,称为运动学逆问题。在机器人再现过程中,机器人控制器逐点进行运动学逆问题运算,将角矢量分解到机械臂各关节。

　　运动学正问题的运算都采用 D-H 法,这种方法采用 4×4 齐次变换矩阵来描述两个相邻刚体杆件的空间关系,把正问题简化为寻求等价的 4×4 齐次变换矩阵。逆问题的运算可用几种方法求解,最常用的是矩阵代数、迭代或几何方法。在此不做具体介绍,可参考相关文献。

　　对于高速、高精度机器人,还必须建立动力学模型。由于目前通用的工业机器人（包括焊接机器人）最大的运动速度都在 $3 \ \mathrm{m/s}$ 内,精度都不高于 $0.1 \ \mathrm{mm}$,所以对于此类机器人都只需建立简单的动力学模型。

　　三、HSR-6 工业机器人的组成及其坐标轴与坐标系

　　(一)HSR-6 工业机器人的结构及坐标轴

　　HSR-6 指的是华数 6 轴关节机器人,其承载能力有多种规格,如 5 kg、8 kg、15 kg 等,HSR-605 表示承载能力为 5 kg。

　　HSR-6 工业机器人与目前各大工业机器人厂商提供的 6 轴关节机器人结构从外观上看大同小异,从本质上来说,其结构应该都是一致的,如图 1-5 所示。即其第一关节旋转轴 A_1（基座旋转轴）、第四关节旋转轴 A_4、第六关节旋转轴 A_6（手腕端部法兰安装盘的旋转中心）在同一个平面内;第二关节旋转轴 A_2、第三关节旋转轴 A_3 以及第五关节旋转轴 A_5 互相平行,而且与前面提到的平面垂直;另外,还需要保证第四关节旋转轴线、第五关节旋转轴线以及第六关节旋转轴线相交于一点。

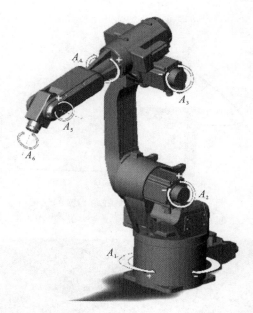

图 1-5　HSR-6 工业机器人结构及其轴方向

采用这种结构的工业机器人可使其运动学算法最为简单可靠。即 A_1、A_2、A_3 为定位关节,机器人手腕的位置主要由这三个关节决定;A_4、A_5、A_6 为定向关节,主要用于改变手腕姿态。

HSR-6 工业机器人的驱动系统采用伺服电动驱动方式(交流电动机),一个关节(轴)采用一个驱动器。通过位置传感器、速度传感器等传感装置来实现位置、速度和加速度的闭环控制,不仅能提供足够的功率来驱动各个轴,而且能实现快速而频繁的启停,能精确地到位和运动。

HSR-6 工业机器人的传动结构:臂部采用 RV 减速器,腕部采用谐波减速器。

(二)HSR-6 工业机器人的控制系统

HSR-6 工业机器人采用华中数控研制的工业机器人控制系统。该系统由华数机器人控制器、华数 HSpad 示教器以及运行在这两种设备上的软件组成。

华数 HSpad 示教器(以下简称为 HSpad)是用于华数工业机器人的手持编程器,具有使用华数工业机器人所需的各种操作和显示功能。

华数机器人控制器安装于机器人电柜内部,控制机器人的伺服驱动、输入/输出等主要执行设备;HSpad 通过电缆连接到机器人电柜上,作为上位机与控制器进行通信。控制系统与机器人的连接如图 1-6 所示。

借助 HSpad,用户可以实现华数工业机器人控制系统的主要控制功能:

① 手动控制机器人运动;

② 机器人示教编程;

③ 机器人程序自动运行;

④ 机器人运行状态监视;

⑤ 机器人控制参数设置。

(三)HSR-6 工业机器人的坐标系

HSR-6 机器人控制系统定义了如图 1-7 所示的坐标系。

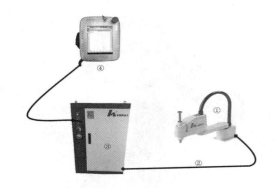

图 1-6　控制系统与华数机器人的连接
① 机械手；② 连接线缆；③ 电控系统；④ HSpad

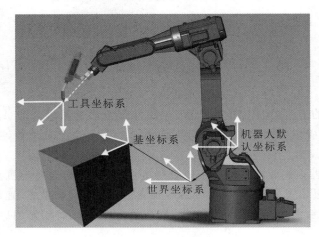

图 1-7　HSR-6 机器人的坐标系

各坐标系的含义如下：

① 轴坐标系为机器人单个轴的运行坐标系，可针对单个轴进行操作。

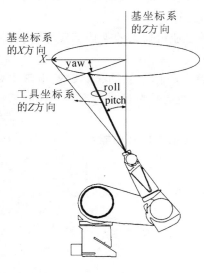

图 1-8　HSR-6 机器人的姿态角

② 世界坐标系是一个固定的笛卡儿坐标系，是机器人默认坐标系和基坐标系的原点坐标系。默认配置中，世界坐标系与机器人默认坐标系是一致的。

③ 机器人默认坐标系是一个笛卡儿坐标系，固定于机器人底部。它可以根据世界坐标系说明机器人的位置。

④ 基坐标系是一个笛卡儿坐标系，用来说明工件的位置。修改基坐标系后，机器人即按照设置的坐标系运动。默认配置中，基坐标系与机器人默认坐标系是一致的。

⑤ 工具坐标系是一个笛卡儿坐标系，位于工具的工作点中。工具坐标系由用户移入工具的工作点。默认配置中，工具坐标系的原点在法兰中心点上。

HSR-6 机器人使用姿态角来描述工具点的姿态，如图 1-8 所示。

图 1-8 中,各转角含义如下:

yaw——偏航角;

pitch——俯仰角;

roll——滚转角。

课程思政

工业机器人产业作为国家战略新兴产业之一,是中国制造业转型升级、提质增效的关键核心产业之一,是国家从制造大国发展成为制造强国的重要抓手。近年来,为加快制造强国建设步伐,实现制造业由高速增长阶段逐步转入高质量发展阶段,我国政府及相关部门出台了一系列政策,鼓励工业机器人产业发展。

我国工业机器人虽然起步较晚,但在国家相关政策大力支持和国内生产研发技术水平提升等因素下,我国工业机器人得到快速发展。2021 年我国工业机器人产量达 366044 套,同比增长 54.4%。

随着我国工业机器人的快速发展及相关领域需求的增长,我国成为工业机器人最大的消费国,近年来工业机器人销售额也呈现出上涨的趋势。2020 年我国工业机器人销售额达 422.5 亿元,同比增长 18.8%。

汽车是工业机器人自动化应用最早的行业。目前,汽车行业为工业机器人第一应用领域,工业机器人的应用率占比达到 35%。随着我国制造业的转型升级,工业机器人的应用领域逐渐增多。目前工业机器人已被广泛应用于电子、金属加工、物流、化工等各个工业领域之中,极大提高了生产效率、安全性以及智能化水平。近年来,国家推行机器换人政策,工业机器人备受追捧。

工业机器人的研发与应用,均需要大量的人才来实施完成,作为高等职业院校的学生,我们应该勇于承担历史赋予的使命,珍惜来之不易的学习机会,热爱自己的专业,学好机器人的操作与编程,秉承工匠精神,不断追求技能提升,用高质量的产品为自己赢得尊重,在为中国制造 2050 做出贡献、激发民族自豪感的同时,实现自身价值。

考核评价

任务一评价表

基本素养(30 分)			
序号	评价内容	自评	互评	师评
1	纪律(无迟到、早退、旷课)(10 分)			
2	安全规范操作(10 分)			
3	参与度、团队协作能力、沟通交流能力(10 分)			
理论知识(40 分)			
序号	评价内容	自评	互评	师评
1	工业机器人的概念、分类和一般构成(10 分)			
2	HSR-6 工业机器人的组成(10 分)			
3	HSR-6 工业机器人的坐标轴及方向(10 分)			
4	HSR-6 工业机器人的坐标系(10 分)			

技能操作(30分)				
序号	评价内容	自评	互评	师评
1	正确区分 HSR-6 工业机器人各运动轴(15 分)			
2	正确区分 HSR-6 工业机器人各运动轴正方向(15 分)			
	综合评价			

任务二　工业机器人的操作规范与安全

工作任务

工业机器人的工作空间(又称工作范围、工作区域,指机器人手臂末端或手腕中心所能到达的空间区域。由于末端执行器的形状和尺寸是多种多样的,为真实反映机器人的特征参数,工作范围是指不安装末端执行器的工作区域)往往不是规范的长方体,很难一眼就看出来工作空间的边界,为了保证人身和财产安全,操作工业机器人必须遵守操作规范与安全。

任务实践

一、工业机器人安全操作知识

机器人与其他机械设备相比,其工作空间大、动作迅速。为了避免安全事故,操作工必须经过专业培训,了解系统指示灯及按钮的用途,熟知最基本的设备知识、安全知识及注意事项。

(一)工业机器人安全操作注意事项

(1)穿工作服、安全鞋,戴安全帽,使用规定的保护用具等。

(2)机器人工作前的安全检测:

① 线槽、导线无破损外露;

② 机器人本体、外部轴上严禁摆放杂物、工具等;

③ 控制柜上严禁摆放装有液体的物件(如水瓶);

④ 无漏气、漏水、漏电现象;

⑤ 需仔细确认示教器的安全保护装置(如紧急停止按钮)是否能正常工作。

(3)开机过程。

① 打开总电闸;

② 控制柜上电;

③ 机器人在接通电源后无报警,方可操作作业。

(4)用示教器操作机器人及运行作业时,需确认机器人工作空间内没有人员及障碍物。机器人处于自动模式时,任何人员都不允许进入其运动所及的区域。调试人员进入机器人工作区域时,必须随身携带示教器,以防他人误操作。

(5)示教器使用后,应摆放到规定位置。规定摆放位置应远离高温区,同时应避开机器人工作区域,以防发生碰撞,造成人员与设备的损坏。

（6）保持机器人安全标记的清洁、清晰，如有损坏应及时更换。

（7）作业结束，为确保安全，要按下紧急停止按键，切断机器人伺服电源，然后断开电源设备开关，关闭总电源，清理设备，整理现场。

（8）机器人停机时，夹具上不应置物，必须空机。

（9）在机器人发生意外或运行不正常等情况下，立即按下紧急停止按键，使机器人停止运行。

（10）当机器人工作在自动状态下时，即使运行速度非常低，其运动量仍很大，所以在进行编程、测试及维修等工作时，必须将机器人置于手动模式。

（11）在手动模式下调试机器人时，如果不需要移动机器人，必须及时释放使能器。

（12）突然停电后，要赶在来电前预先关闭机器人的主电源开关，并及时取下夹具上的工件。

（13）必须保管好机器人钥匙，严禁非授权人员使用机器人。

（二）HSR-6 工业机器人的安全操作注意事项

（1）HSR-6 工业机器人的使用人员必须对自己的安全负责。

（2）在使用 HSR-6 机器人时必须使用安全设备，必须遵守安全条款。

（3）HSR-6 工业机器人程序的设计人员、机器人系统的设计人员和调试人员、安装人员必须熟悉华数机器人的编程方式、系统应用及安装。

（4）HSR-6 工业机器人可以以很高的速度移动很大的距离，应避免进入其工作区域。

二、HSR-6 工业机器人安全操作规程

（一）HSR-6 工业机器人的示教和手动控制

（1）在点动操作机器人时要采用较低的速度倍率。

（2）在按下示教器上的点动运行键之前要考虑机器人的运动趋势。

（3）要预先考虑好避让机器人的运动轨迹，并确认该线路不受干扰。

（4）机器人周围区域必须清洁、无油、水及杂质等。

（二）HSR-6 工业机器人的生产运动

（1）在开机运行前，必须知道机器人将要执行的全部任务。

（2）华数机器人断电后，需要等待放电完成才能再次上电。

（3）必须知道所有会影响机器人移动的开关、传感器和控制信号的位置和状态。

（4）必须知道机器人控制器和外围控制设备上的紧急停止按钮的位置，以便在紧急情况下使用这些按钮。

注意：永远不要认为机器人没有移动，程序就已经完成，因为这时机器人很有可能正在等待让它继续移动的输入信号。

三、不可使用机器人的场合

不可使用机器人的场合如下：

（1）燃烧的环境；

（2）有爆炸可能的环境；

（3）有无线电干扰的环境；

（4）水中或者其他液体中；

（5）运送人或者动物的场合；

（6）其他不可使用场合。

考核评价

任务二评价表

基本素养(30分)				
序号	评价内容	自评	互评	师评
1	纪律(无迟到、早退、旷课)(10分)			
2	安全规范操作(10分)			
3	参与度、团队协作能力、沟通交流能力(10分)			
理论知识(50分)				
序号	评价内容	自评	互评	师评
1	工业机器人安全操作注意事项(20分)			
2	HSR-6工业机器人安全操作规程(20分)			
3	不可使用机器人的场合(10分)			
技能操作(20分)				
序号	评价内容	自评	互评	师评
1	正确启动HSR-6工业机器人(10分)			
2	正确关停HSR-6工业机器人(10分)			
综合评价				

任务三　认识 HSR-6 工业机器人的示教器 HSpad

工作任务

HSR-6工业机器人的在线编程与操作是由HSpad完成的。因此,要熟练地操作HSR-6工业机器人,需要了解HSpad,并掌握HSpad的相关操作界面。

任务实践

一、HSpad 示教器简介

HSpad 示教器如图 1-9 所示,其特点如下:

① 采用触摸屏+周边按键的操作方式;

② 屏幕为 8 英寸触摸屏;

③ 配有多组按键;

④ 配有紧急停止开关;

⑤ 配有钥匙开关；

⑥ 配有三段式安全开关；

⑦ 配有 USB 接口。

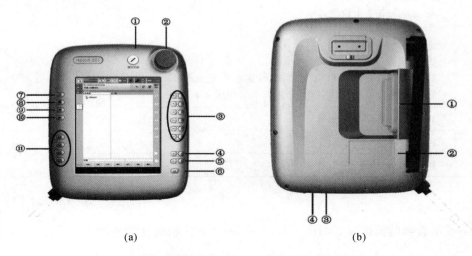

(a)　　　　　　　　　　　(b)

图 1-9　HSpad 示教器

1. HSpad 示教器前部

HSpad 示教器前部如图 1-9(a)所示，其上各按键的功能如表 1-3 所示。

表 1-3　HSpad 示教器前部各按钮及其功能

按键序号	按键功能
1	用于连接控制器的钥匙开关，只有在插入钥匙后，状态才可以被转换。可以通过连接控制器切换运行模式
2	紧急停止按钮，用于在危险情况下使机器人停机
3	点动运行按钮，用于手动移动机器人
4	用于设定程序调节量的按钮。自动运行时为倍率调节
5	用于设定手动调节量的按钮。手动运行时为倍率调节
6	菜单按钮，可进行菜单和文件导航器之间的切换
7	暂停按钮，运行程序时，用暂停按钮可暂停运行
8	停止按钮，用停止按钮可停止正在运行中的程序
9	预留
10	开始运行按钮，在加载程序成功后，点击该按钮程序开始运行
11	辅助按键

2. HSpad 示教器背部

HSpad 示教器背部如图 1-9(b)所示，其上各按键的功能如表 1-4 所示。

表 1-4　HSpad 示教器背部各按键及其功能

按键序号	按键功能
1	三段式安全开关。 安全开关有 3 个位置： ① 未按下； ② 中间位置； ③ 完全按下。 在手动 T1 或手动 T2 运行模式下,确认开关必须保持在中间位置,方可使机器人运动。 在采用自动运行模式时,安全开关不起作用
2	HSpad 标签型号粘贴处
3	调试接口
4	USB 接口,用于存档/还原等操作

二、HSpad 示教器的操作界面

HSpad 示教器的操作界面如图 1-10 所示,图中各区域的含义如表 1-5 所示。

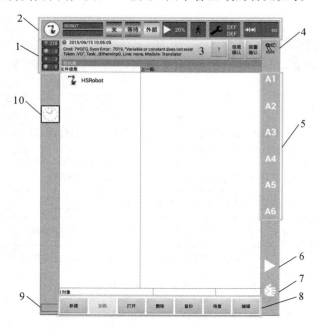

图 1-10　HSpad 示教器的操作界面

表 1-5　HSpad 示教器操作界面各区域的含义

序号	功能
1	信息提示计数器 信息提示计数器显示,提示每种信息类型各有多少条等待处理； 触摸信息提示计数器可放大显示
2	状态栏

续表

序号	功能
3	信息窗口 根据默认设置将只显示最后一个信息提示,触摸信息窗口可显示信息列表;列表中会显示所有待处理的信息; 可以被确认的信息可用"确认"按钮确认; 点击"信息确认"按钮确认所有除错误信息以外的信息; 点击"报警确认"按钮确认所有错误信息; 点击"?"按钮可显示当前信息的详细内容
4	坐标系状态 触摸该图标就可以显示所有坐标系,并进行选择
5	点动运行指示 如果选择了与轴相关的运行,这里将显示轴号(A_1、A_2 等); 如果选择笛卡儿坐标运行,这里将显示坐标系的方向(X、Y、Z、A、B、C); 触摸图标会显示运动系统组选择窗口。选择组后,将显示为相应组所对应的名称
6	自动倍率修调图标
7	手动倍率修调图标
8	操作菜单栏,用于程序文件的相关操作
9	网络状态 红色表示网络连接错误,应检查网络线路问题; 黄色表示网络连接成功,但初始化控制器未完成,无法控制机器人运动; 绿色表示网络初始化成功,HSpad 正常连接控制器,可控制机器人运动
10	时钟 时钟可显示系统时间,点击时钟图标就会以数字形式显示系统时间和当前系统的运行时间

图 1-10 上方的状态栏用于显示工业机器人设置的状态。多数情况下通过点击图标就会打开对应的窗口,可在打开的窗口中更改设置。HSpad 状态栏如图 1-11 所示。

图 1-11　HSpad 状态栏

HSpad 状态栏中各按钮的含义如表 1-6 所示。

表 1-6　HSpad 状态栏各按钮含义

序号	按钮功能
1	主菜单,用于菜单按钮功能,用户可借此完成机器人的各种操控
2	机器人名,显示当前机器人的名称
3	加载程序名称,在加载程序之后,会显示当前加载的程序名

序号	按钮功能
4	使能状态 绿色并且显示"开",表示当前使能打开; 红色并且显示"关",表示当前使能关闭; 点击可打开使能设置窗口,在自动模式下点击"开/关"可设置使能开关状态,窗口可显示安全开关的按下状态
5	程序运行状态 自动运行时,显示当前程序的运行状态
6	模式状态显示 "模式"可以通过钥匙开关设置,"模式"可设置为手动模式、自动模式、外部模式
7	倍率修调显示 切换模式时会显示当前模式的倍率修调值;打开设置窗口,可通过加/减按钮以1%的单位进行加减设置,也可通过滑块左右拖动设置
8	程序运行方式状态 在自动运行模式下只能是连续运行,"手动 T1"和"手动 T2"模式下可设置为单步或连续运行;打开设置窗口,在"手动 T1"和"手动 T2"模式下可点击连续/单步按钮进行运行模式切换
9	激活基坐标/工具显示 打开窗口,点击工具和基坐标选择相应的工具和基坐标进行设置
10	增量模式显示 在"手动 T1"或"手动 T2"模式下打开窗口,点击相应选项设置增量模式

三、HSpad 示教器的主菜单及其运行模式切换

1. 调用主菜单

调用主菜单的操作步骤如下:

① 点击"主菜单"图标或按键,窗口主菜单打开,如图 1-12 所示。

② 再次点击"主菜单"图标或按键,关闭主菜单。

主菜单窗口属性如下:

① 左栏中显示主菜单。

② 点击一个菜单项将显示其所属的下级菜单(例如:配置)。

③ 点击打开下级菜单的层数多时,可能会看不到主菜单栏,只能看到下级菜单,此时会显示最新的三级菜单。

④ 左上"Home"图标用于关闭所有打开的下级菜单,只显示主菜单。

⑤ 下部区域会显示上一个所选择的菜单项(最多 6 个),这样便于直接再次选择这些菜单项,而无须先关闭打开的下级菜单。

⑥ 左侧红叉用于关闭窗口。

2. 重启 HSpad 示教器

当示教器异常,需要重启时,可按下述操作步骤进行:

① 打开主菜单。

② 选择主菜单中的系统→重启系统,此时会弹出提示对话框。

③ 选择对话框中的"是"按钮,示教器会在 30 s 后进行重启,同时也会重启控制器。

图 1-12 HSpad 的主菜单

注意:

正在编辑的程序请先保存再重启,否则新编辑的数据将会丢失,无法恢复。

3.切换运行模式

HSR-6 机器人可运行于手动 T1、手动 T2、自动、外部轴等模式下。

各种运行模式的含义如表 1-7 所示。

表 1-7 各种运行模式的含义

运行模式	应用	速度
手动 T1	用于低速测试运行、编程和示教	编程示教:编程速度最高 125 mm/s 手动运行:手动运行速度最高 125 mm/s
手动 T2	用于高速测试运行、编程和示教	编程示教:编程速度最高 250 mm/s 手动运行:手动运行速度最高 250 mm/s
自动	用于不带外部控制系统的工业机器人	程序运行速度:程序设置的编程速度 手动运行:禁止手动运行
外部轴	用于带有外部控制系统(例如 PLC)的工业机器人	程序运行速度:程序设置的编程速度 手动运行:禁止手动运行

当机器人控制器未加载任何程序,且具备连接示教器钥匙开关的钥匙时,HSR-6 机器人可在上述运行模式之间切换。切换的操作步骤如下:

(1)在 HSpad 上转动钥匙开关,HSpad 界面会显示选择运行模式的界面,如图 1-13 所示。

(2)选择需要切换的运行模式。

(3)将钥匙开关再次转回初始位置。

所选的运行模式会显示在 HSpad 主界面的状态栏中。

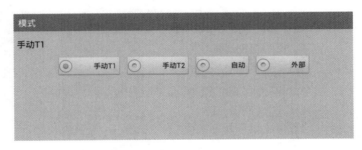

图 1-13　运行模式

注意:在程序已加载或者运行期间,运行模式不可更改。

考核评价

任务三评价表

基本素养(30分)			
序号	评价内容	自评	互评	师评
1	纪律(无迟到、早退、旷课)(10分)			
2	安全规范操作(10分)			
3	参与度、团队协作能力、沟通交流能力(10分)			
理论知识(50分)				
序号	评价内容	自评	互评	师评
1	HSpad 示教器按键及其功能(10分)			
2	HSpad 示教器操作界面及其各区域含义(15分)			
3	HSpad 示教器状态栏各按钮含义(15分)			
4	HSpad 示教器"手动 T1""手动 T2""自动""外部轴"等运行模式含义(10分)			
技能操作(20分)				
序号	评价内容	自评	互评	师评
1	使用 HSpad 示教器正确调用主菜单,熟悉相关子菜单界面(10分)			
2	正确重启 HSpad 示教器(5分)			
3	正确切换 HSR-6 的运行模式(5分)			
综合评价				

任务四　使用 HSpad 示教器手动操作 HSR-6 工业机器人

工作任务

手动运行

　　工业机器人正常工作时，一般运行在自动模式下，即机器人的运动和动作是由示教或离线编程的机器人程序控制的。

　　但在机器人正常工作之前，一般需要手动操作机器人完成特定的工作，最典型的如手动操作机器人完成机器人的示教编程。因此，熟练掌握机器人的手动操作是十分必要的。

　　本任务通过实际操作 HSpad 示教器，控制 HSR-6 工业机器人的坐标轴和外部轴进行运动。

任务实践

一、手动运行 HSR-6 工业机器人

手动运行 HSR-6 工业机器人分为两种方式：

① 与轴相关的运行：每个关节轴均可以独立地正向或反向运行。

② 笛卡儿式运行：工具中心点（tool center point，TCP）沿着一个坐标系的正向或反向运行。

使用 HSpad 右侧点动运行按键可手动操作机器人关节坐标轴或者笛卡儿坐标轴运动。

1. 设定手动倍率修调

手动倍率是手动运行时机器人的速度。它以百分比表示，以机器人在手动运行时的最大可能速度为基准。手动 T1 模式的速度为 125 mm/s，手动 T2 模式的速度为 250 mm/s。

设定手动倍率修调的操作步骤如下：

（1）触摸如图 1-14 所示倍率修调状态图标，打开如图 1-15 所示倍率调节量窗口，按下相应按钮或者拖动调节器滑块调节倍率。

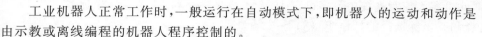

图 1-14　倍率修调状态

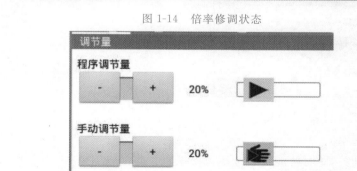

图 1-15　倍率调节量

（2）设定所希望的手动倍率，可通过正负键或通过调节器进行设定。

● 正负键：可以以 100%、75%、50%、30%、10%、3%、1% 步距为单位进行设定。

● 调节器:倍率可以以 1‰ 步距为单位进行更改。

(3) 重新触摸状态显示手动模式下的倍率修调(或触摸窗口外的区域),窗口关闭并应用所设定的倍率。

注意:若当前为手动模式,状态栏只显示手动倍率修调值,自动模式时显示自动倍率修调值。点击倍率修调图标后在窗口中手动倍率修调值和自动倍率修调值均可设置。

2.工具选择和基坐标选择

在 HSR-6 机器人控制系统中最多可存 16 个工具坐标系和 16 个基础坐标系。

工具选择和基坐标选择的操作步骤如下:

(1) 触摸如图 1-16 所示的激活基坐标/工具图标,打开"激活的基坐标/工具"窗口,如图 1-17 所示。

图 1-16　工具和基坐标系状态

(2) 选择所需的工具和基坐标。

3.用运行键进行与轴相关的移动

在运行模式为手动 T1 或手动 T2 时,可用运行键进行与轴相关的移动。操作步骤如下:

(1) 选择运行键的坐标系为轴坐标系。运行键旁边会显示轴的名称 A1～A6,如图 1-18 所示。

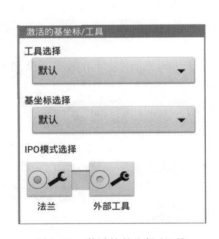

图 1-17　激活的基坐标/工具

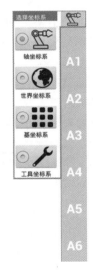

图 1-18　轴坐标系下的手动运行轴

(2) 设定手动倍率。

(3) 按住安全开关,此时使能处于打开状态。

(4) 按下正或负运行键,以使机器人轴朝正或反方向运动。

机器人在运动时轴的坐标位置可以通过如下方法显示:

选择主菜单→显示→实际位置。若显示的是笛卡儿坐标,可点击右侧"轴相关"按钮将其切换为所需形式的坐标。

4. 用运行键操控机器人按笛卡儿坐标移动

在运行模式为手动 T1 或手动 T2 时，选定工具和基坐标系，可用运行键操控机器人按笛卡儿坐标移动，操作步骤如下：

（1）选择坐标系为世界坐标系、基坐标系或工具坐标系。运行键旁边会显示以下名称，如图 1-19 所示。

● X、Y、Z：用于沿选定坐标系的轴进行线性运动；

● A、B、C：用于沿选定坐标系的轴进行旋转运动。

（2）设定手动倍率。

（3）按住安全开关，此时使能处于打开状态。

（4）按下正或负运行键，以使机器人朝正或反方向运动。

机器人在运行时的笛卡儿位置可以通过如下方法显示：

选择主菜单→显示→实际位置。系统默认显示笛卡儿坐标，若显示的是轴坐标可点击右侧笛卡儿坐标显示按钮切换。

5. 增量式手动模式

使用增量式手动运行模式可使机器人移动所定义的距离，然后机器人自行停止。

运行时可以用运行键激活增量式手动运行模式。

下列情况可使用增量式手动模式：

① 以同等间距进行点的定位；

② 从一个位置移出所定义距离，如在故障情况下；

③ 使用测量表调整时。

图 1-19　笛卡儿坐标系下的手动运行轴名称显示

增量式手动运行的操作步骤如下：

（1）点击图 1-20 所示的增量状态图标，打开"增量式手动移动"窗口，选择增量移动方式。

图 1-20　增量式手动运行的设置

（2）用运行键运行机器人。可以采用笛卡儿或与轴相关的模式运行。

如果已达到设定的增量，则机器人停止运行。

增量式手动运行的设置说明如表 1-8 所示。

表 1-8   增量式手动运行的设置

设置		说明
持续的	已关闭增量式手动移动	增量单位为 mm,适用于沿 X、Y 或 Z 方向的笛卡儿运动 增量单位为"°",适用于沿 A、B 或 C 方向的笛卡儿运动
100 mm/10°	1 增量=100 mm 或 10°	
10 mm/3°	1 增量= 10 mm 或 3°	
1 mm/1°	1 增量=1 mm 或 1°	
0.1 mm/0.005°	1 增量=0.1 mm 或 0.005°	

注意:如果机器人的运动被中断(如因打开了安全开关),则在下一个动作中被中断的增量不会继续,而会从当前位置开始一个新的增量。

二、手动运行 HSR-6 工业机器人附加轴

在运行模式为手动 T1 或者手动 T2 模式时,可手动运行 HSR-6 工业机器人附加轴。操作步骤如下:

(1)点击任意运行键图标,打开"选择轴"窗口,如图 1-21 所示,选择运动系统组,例如附加轴(运动系统组的可用种类和数量取决于设备配置。配置方法为:主菜单→配置→机器人配置→机器人信息)。

图 1-21   选择运动系统组(附加轴)

(2)设定手动倍率。

(3)按住安全开关,在运行键旁边将显示所选择运动系统组的轴。

(4)按下正或负运行键,以使轴朝正方向或负方向运动。

根据不同的设备配置,可能有下列运动系统组。

机器人轴:用运行键可运行机器人轴,附加轴则无法运行。

附加轴:使用运行键可以运行所有已配置的附加轴,如附加轴 E_1,E_2,…,E_5 依次对应手动运行按键。

考核评价

任务四评价表

基本素养(30 分)				
序号	评价内容	自评	互评	师评
1	纪律(无迟到、早退、旷课)(10 分)			
2	安全规范操作(10 分)			
3	参与度、团队协作能力、沟通交流能力(10 分)			

续表

理论知识(20 分)				
序号	评价内容	自评	互评	师评
1	HSR-6 工业机器人工具坐标系的选择(10 分)			
2	HSR-6 工业机器人手动倍率的设定(10 分)			
技能操作(50 分)				
序号	评价内容	自评	互评	师评
1	使用 HSpad 示教器用运行按钮进行与轴相关的移动(10 分)			
2	使用 HSpad 示教器用运行按钮按笛卡儿坐标移动(10 分)			
3	使用 HSpad 示教器用笛卡儿或与轴相关的方式增量移动机器人(20 分)			
4	使用 HSpad 示教器手动运行 HSR-6 附加轴(10 分)			
综合评价				

任务五　HSR-6 工业机器人投入运行前的准备

工作任务

在工业机器人投入运行前,为了保证安全,需要对机器人的各个关节轴进行软限位设置;为了保证笛卡儿坐标移动的精度,一般需要对机器人的各个关节轴进行校准。

本任务要求通过实际操作 HSpad 示教器,实现 HSR-6 工业机器人各个关节轴的软限位设置与校准。

任务实践

一、HSR-6 工业机器人软限位设置

软限位开关用于机器人安全防护。在 HSR-6 工业机器人投入运行前,需要对其各关节轴的软限位开关进行设置,从而保证机器人运行在设置工作空间内。

根据现场环境,依次对 HSR-6 工业机器人每个关节轴进行相应限位设置,轴数据的单位均为弧度。

注意:

① 在设置限位信息时,负限位的值必须小于正限位的值。

② 机器人投入运行前必须将使能打开,并设置相应轴数据,否则可能会造成损失。

1.内部轴软限位设置

HSR-6 工业机器人内部轴软限位设置操作步骤如下:

(1)点击菜单选项,依次点击"投入运行→软件限位开关",弹出如图 1-22 所示的"正负软限位开关"对话框。图中:

27

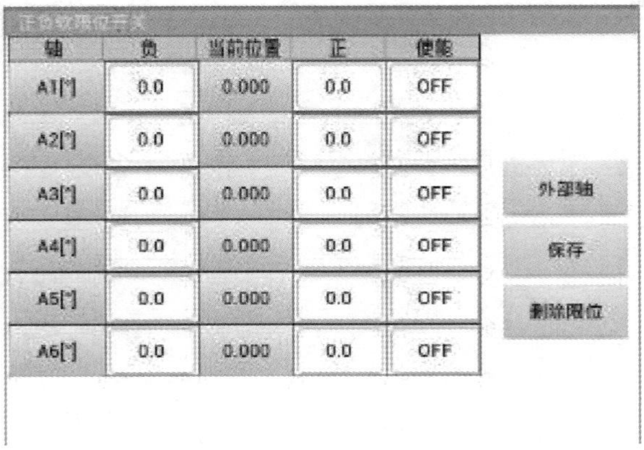

图 1-22 "正负软限位开关"对话框

- 轴:机器人轴。
- 负:机器人负软限位位置。
- 当前位置:机器人当前位置。
- 正:机器人正软限位位置。
- 使能:软限位使能开关状态,在"OFF"状态下软限位无效。

(2)点击"轴"栏中的"A1",弹出如图 1-23 所示"轴 1 限位设置"对话框,设置轴 A1 软限位,选择使能开关状态为"ON",点击"确定"按钮。

图 1-23 轴 1 限位设置

(3)点击轴 A2 栏,弹出如图 1-24 所示的"轴 2 限位设置"对话框,设置轴 2 软限位,将使能开关状态设置为"ON",点击"确定"按钮。

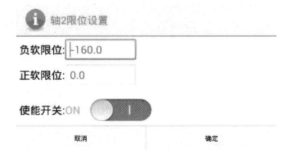

图 1-24 轴 2 限位设置

（4）点击轴 A3 栏,弹出如图 1-25 所示的"轴 3 限位设置"对话框,设置轴 3 软限位,输入数据,将使能开关设置为"ON",点击"确定"按钮。

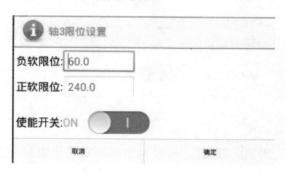

图 1-25 轴 3 限位设置

（5）点击轴 A4 栏,弹出如图 1-26 所示的"轴 4 限位设置"对话框,设置轴 4 软限位,输入数据,将使能开关设置为"ON",点击"确定"按钮。

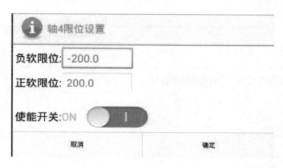

图 1-26 轴 4 限位设置

（6）点击轴 A5 栏,弹出如图 1-27 所示的"轴 5 限位设置"对话框,设置轴 5 软限位,输入数据,将使能开关设置为"ON",点击"确定"按钮。

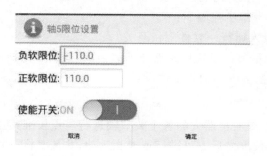

图 1-27 轴 5 限位设置

（7）点击轴 A6 栏,弹出如图 1-28 所示的"轴 6 限位设置"对话框,设置轴 6 软限位,输入数据,将使能开关设置为"ON",点击"确定"按钮。

（8）设置完所有轴限位信息后,点击图 1-22 中的"保存"按钮。如果保存成功,提示栏会提示"保存成功",重启控制器生效;保存失败提示栏会提示"保存失败"。

注意:

① 在轴校准时可以把轴的软限位使能开关关闭,轴数据校准后再启用使能开关,以便于轴校准;

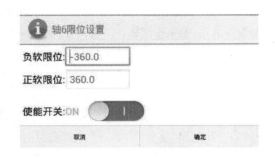

图 1-28　轴 6 限位设置

② 在设置数据时需要注意,设置的软限位数据不能超出机械硬限位数据范围,否则可能会造成机器人损坏。

2.删除限位信息

当需要删除全部限位信息时,可以点击"删除限位"按钮(见图 1-22),系统提示删除限位成功后(见图 1-29)重启生效。

图 1-29　删除限位成功

3.外部轴软限位设置

当机器人系统存在外部轴时,通过外部轴软限位设置可限定外部轴运动范围;如果不存在外部轴,则外部轴限位信息界面显示为空。

外部轴软限位设置操作步骤如下:

(1) 点击"菜单→投入运行→软件限位开关";

(2) 在如图 1-22 所示限位设置界面点击外部轴,切换到外部轴设置界面;

(3) 具体设置步骤参考内部轴软限位设置。

二、HSR-6 工业机器人校准

在机器人运动前,需要对机器人的各个关节轴进行零点校准,否则不能正常运行。

机器人只有在经过校准之后方可进行笛卡儿运动,并且要将机器人移至编程位置。

机器人的机械位置和编码器位置会在校准过程中协调一致。为此必须将机器人置于一个已经定义的机械位置,即校准位置。然后,每个轴的编码器返回值均被储存下来。所有机器人的校准位置都相似,但不完全相同。对于同一机器人型号的不同机器人,精确位置会有所不同。

1.轴校准情况

在表 1-9 所示几种情况下,必须对机器人进行校准。

表 1-9 需要对机器人进行校准的情况

情况	说明
机器人投入运行前	必须校准,否则不能正常运行
机器人发生碰撞后	必须校准,否则不能正常运行
更换电动机或编码器时	必须校准,否则不能正常运行
机器人运行碰撞到硬限位后	必须校准,否则不能正常运行

注:零点校准操作需要 Super 用户权限。

2.内部轴校准

内部轴校准的操作步骤如下:

(1)点击菜单选项,依次点击"投入运行→调整→校准",弹出如图 1-30 所示轴数据校准对话框。

轴数据校准:

轴	初始位置
机器人轴1	0.0
机器人轴2	0.0
机器人轴3	0.0
机器人轴4	0.0
机器人轴5	0.0
机器人轴6	0.0

图 1-30 "轴数据校准"对话框

(2)选择校准关节轴,移动校准轴到机械原点,如图 1-31 所示。

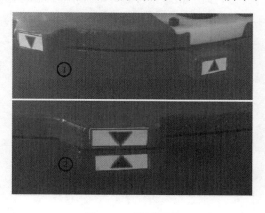

图 1-31 机械原点

（3）待各轴运动到机械原点后,点击图 1-30 中的相应选项,弹出如图 1-32 所示输入框,输入正确的数据,点击"确定"按钮。

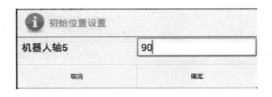

图 1-32　机器人原点输入

（4）相关轴的机械原点坐标会显示在如图 1-33 所示的初始位置栏。

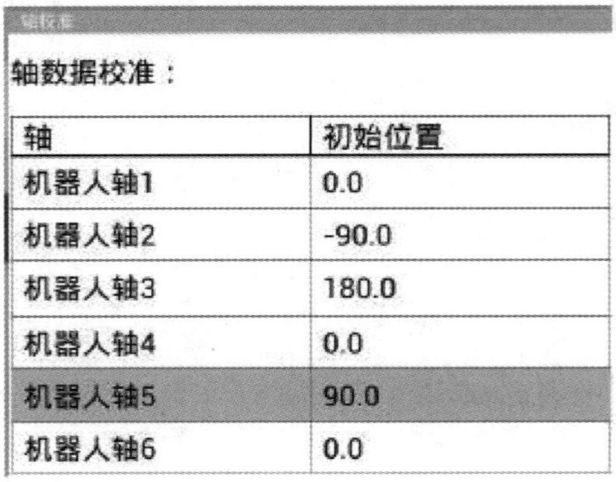

轴数据校准:

轴	初始位置
机器人轴1	0.0
机器人轴2	-90.0
机器人轴3	180.0
机器人轴4	0.0
机器人轴5	90.0
机器人轴6	0.0

图 1-33　轴数据校准

（5）各轴数据输入完毕后,点击如图 1-30 所示的"保存校准"按钮,保存数据,保存是否成功的状态会在状态栏显示,如果显示校准不成功请检查网络是否连接成功。

3.外部轴校准

操作步骤参照内部轴校准。

4.删除校准

当重新校准时或者需要重置校准数据时可删除校准。

删除校准的操作步骤如下:

（1）点击"菜单→投入运行→调整→校准",进入如图 1-30 所示的校准界面;

（2）点击"删除校准"按钮,弹出如图 1-34 所示的删除校准成功提示信息。

图 1-34　删除校准成功

考核评价

任务五评价表

基本素养（30 分）			
序号	评价内容	自评	互评	师评
1	纪律（无迟到、早退、旷课）（10 分）			
2	安全规范操作（10 分）			
3	参与度、团队协作能力、沟通交流能力（10 分）			
理论知识（20 分）			
序号	评价内容	自评	互评	师评
1	HSR-6 工业机器人软限位的含义（10 分）			
2	HSR-6 工业机器人校准的情况（10 分）			
技能操作（50 分）			
序号	评价内容	自评	互评	师评
1	使用 HSpad 示教器设置内部轴、外部轴软限位（15 分）			
2	使用 HSpad 示教器正确删除软限位（10 分）			
3	使用 HSpad 示教器完成内部轴、外部轴校准（15 分）			
4	使用 HSpad 示教器删除校准（10 分）			
综合评价				

项 目 小 结

本项目主要介绍了工业机器人的基础知识与基本操作。通过本项目的学习,应掌握工业机器人的基本组成、分类、操作规范与安全、示教器的基本操作方法。在基础知识方面,主要介绍了 HSR-6 工业机器人的组成及其坐标轴与坐标系;在操作应用方面,对 HSR-6 工业机器人的 HSpad 示教器及示教界面进行了说明;在技能方面,主要介绍了使用 HSpad 示教器手动操作 HSR-6 工业机器人以及 HSR-6 工业机器人校准等内容,使操作者能够记住 HSR-6 工业机器人的简单操作,从而完成其手动操作。

思考与练习

一、填空题

1. 工业机器人由_____、_____和_____三个基本部分组成。

2. 工业机器人一般有四种坐标模式:_____,_____、_____和_____。

3. 工业机器人按应用领域分类可分为搬运机器人、_____、_____、_____、_____、_____等。

4. 工业机器人按臂部的运动形式可分为_____、_____、_____和_____等四种。

二、简答题

1.简述工业机器人的定义。

2.简述工业机器人的主要应用领域。

3. HSR-6 工业机器人控制系统的主要控制功能有哪些？

4. HSR-6 工业机器人的 HSpad 示教器的作用是什么？

5.简述使用 HSpad 示教器手动连续移动 HSR-6 工业机器人各关节轴、笛卡儿轴和手动增量移动各关节轴、笛卡儿轴的步骤。

6.简述操作工业机器人时需要注意的安全事项。

项目二　HSR-6 工业机器人写字操作与编程

【项目介绍】

本项目介绍 HSR-6 工业机器人写字操作与编程,通过对本项目的学习,使学生能对相关编程指令、示教器的相关操作、机器人基坐标系设定有系统的了解和认识,基本具备对机器人写字作业的操作与编程及维护的能力。

【教学目标】

- 理解工业机器人程序的概念。
- 掌握 HSR-6 工业机器人的相关编程指令。
- 能使用示教器进行 HSR-6 工业机器人操作。
- 能使用 HSR-6 工业机器人基本指令正确编制写字控制程序。
- 理解 HSR-6 工业机器人的坐标系。

【技能要求】

- 能根据写字任务进行工业机器人运动规划。
- 能够新建、编辑和加载程序。
- 能正确对 HSR-6 工业机器人程序文件进行使用、管理。
- 能灵活运用 HSR-6 工业机器人相关编程指令,使用 HSpad 示教器完成写字程序示教。
- 能完成写字程序的调试和自动运行。

任务一　程序的新建、加载和编辑操作

工作任务

程序是为了让机器人完成某种任务而编写的动作顺序描述文件。示教编程时,通过示教操作和编程产生的示教数据都将保存在程序中,当机器人自动运行时,执行程序中的数据和指令所要求的运动轨迹。

程序的新建
与编辑

在对机器人进行写字程序示教编程之前,需要熟悉机器人程序的相关操作。本任务通过对机器人程序的新建、编辑和加载操作的学习,使学生掌握机器人程序的基本操作。

理论知识

一、程序的基本信息

在示教器上新建一个程序时,系统会自动生产一个程序模板,用户可以在原模板的基础

上进行机器人的示教编程操作。程序模板如图 2-1 所示。

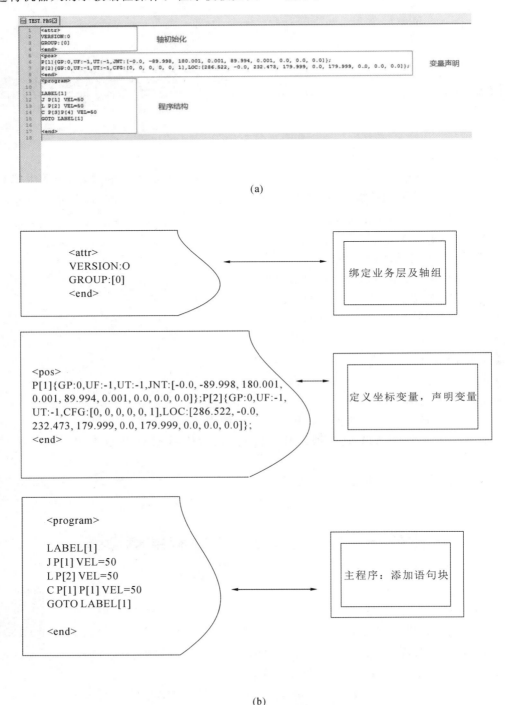

(a)

(b)

图 2-1　程序模板图

二、程序编制方法

工业机器人常见的程序编制方法有两种：示教编程方法和离线编程方法。

示教编程方法是由操作人员引导,控制机器人运动,记录机器人作业的程序点,并插入所需的机器人命令来完成程序的编制;离线编程是操作者不对实际作业的机器人直接进行示教,而是在运行于外部计算机的离线编程系统中进行编程和仿真,生成机器人程序,然后送入机器人控制器中。

示教编程可以通过示教器示教实现。由于示教编程方法实用性强,操作简便,因此大部分机器人都采用这种方法。

本任务将采用示教编程方法完成写字程序的编制:首先,在操作机器人实现写字运动之前新建一个程序;然后,通过示教器控制机器人到达相应的轨迹点,并保存相关的示教数据和运动指令;最后,通过示教器完成轨迹再现。

任务实践

一、新建程序

新建程序的操作步骤如下:

如图 2-2 所示为示教器软件操作界面,点击左下"新建"按钮,弹出如图 2-3 所示对话框;默认选择新建类型为"程序",输入程序名,点击"确定"按钮即可。

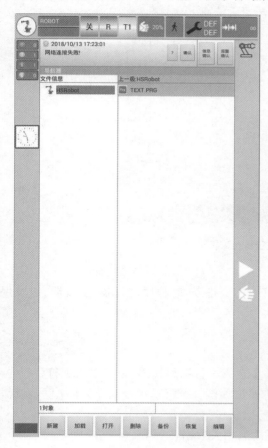

图 2-2　示教器软件操作界面

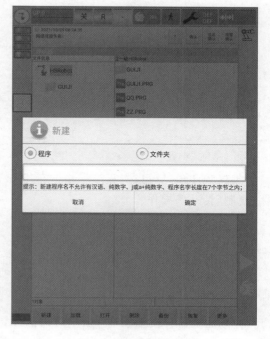

图 2-3　新建程序界面

注意:程序名只能包含字母、数字、下画线,不能包含中文。

二、打开程序

打开程序可查看在文件导航器中所选中程序的内容。

打开程序的操作方法如下:

在图 2-2 所示导航器中选定程序,点击界面下部"打开"按钮。如果选定了一个 PRG 文件,点击"确定"按钮后可打开程序,在编辑器中将显示该程序,如图 2-4 所示;此时 PRG 程序处于可编辑状态,可对该程序进行更改、插入指令、备注、说明等。

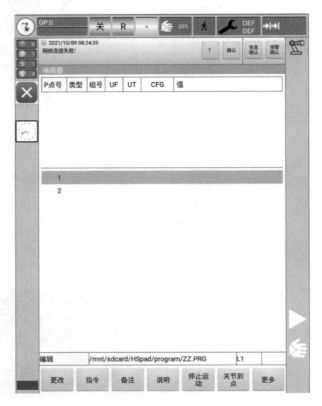

图 2-4　打开程序,调入编辑器

三、编辑程序

编辑程序包括可以对程序的指定行进行更改、插入指令,对程序进行备注、说明,以及保存、复制、粘贴等操作。

1.插入指令

(1)打开一个程序,调入编辑器,如图 2-4 所示;

(2)选择需要在其后添加代码的一行,如需要在第 2 行添加代码,则点击第 1 行;

(3)随后点击下方工具栏的"指令"按钮,将弹出如图 2-5 所示指令菜单,在这里假设需要添加"运动指令"中的"L";

(4)随后将弹出如图 2-6 所示对话框,用于添加相关数据;

(5)数据添加完成后,点击右下角的"确定"按钮,即可完成指令的添加。点击左下角的"取消",则会放弃添加的操作。

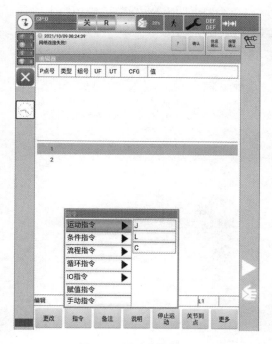

图 2-5　运动指令界面

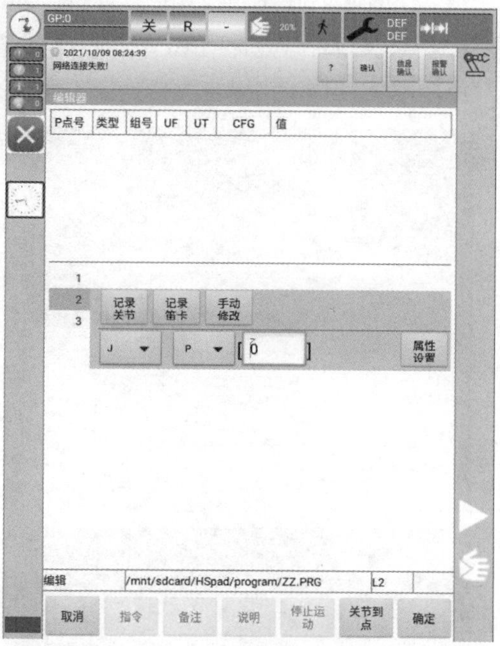

图 2-6　数据添加界面

2. 更改指令

（1）在编辑器中，选择需要对其更改的一行代码，如图 2-8 中第 3 行的"WHILE R[1]＝1"；

（2）点击如图 2-4 所示下方工具栏的"更改"，即可开始对该行代码修改，如图 2-7 所示；

（3）可以手动输入代码进行修改，也可以点击"选项"按钮进行操作，如图 2-8 所示；

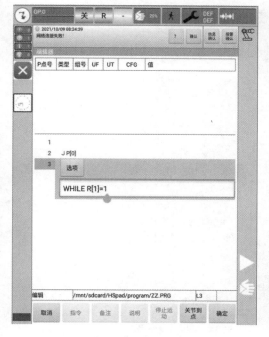

图 2-7　指令修改界面

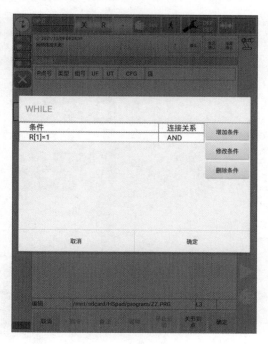

图 2-8　条件界面

（4）在图 2-8 中，如果希望"条件"由"R[1]＝1"变为"R[1]＝R[2]"，可选中"R[1]＝1"栏，点击"修改条件"按钮，如图 2-9 所示，按需要进行操作；

最终效果如图 2-10 所示。

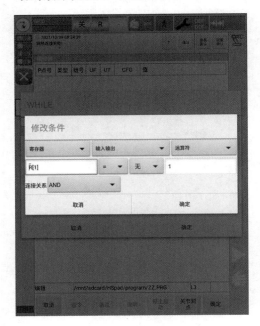

图 2-9　条件修改界面

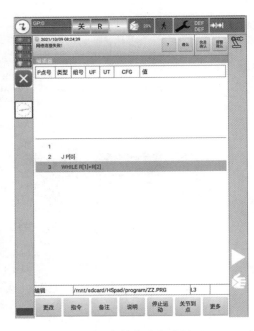

图 2-10　条件修改完成界面

3. 保存当前位置数据到运动指令

以图 2-6 所示 J 指令为例说明：

（1）选中 J 指令行，点击"更改"，弹出的界面与添加 J 指令时基本一致，如图 2-11 所示；

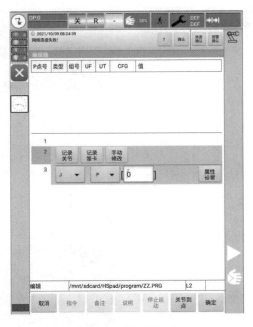

图 2-11　指令界面

（2）点击"记录关节"按钮，则记录机器人当前点的各个关节坐标（数据将在右侧显示），并保存在P0点中；

（3）点击"记录笛卡儿"按钮，则记录机器人当前TCP在当前笛卡儿坐标系下的坐标值，并保存在P0点中；

（4）也可点击"手动修改"按钮，对保存的数据进行修改；

（5）如果寄存器中已经有了需要的点位信息，可以点击"选择寄存器"，从指定寄存器中读取位置数据。

P1（以及P2、P3等）是用于保存位置的变量名。为防止误更改，系统将这些变量存放在文件名和程序名相同。

4.对程序进行备注

如图2-12所示，当需要对程序进行备注说明时：

（1）点击要插入备注的行，然后点击操作菜单下方的备注按钮；

（2）弹出图2-13所示备注添加对话框，即可对该行进行注释。

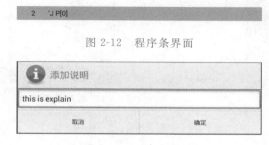

图2-12　程序条界面

图2-13　备注添加界面

5.对程序进行说明

（1）点击需要说明的行，点击操作菜单中的说明按钮；

（2）弹出说明编辑对话框，编辑完毕，点击"确定"按钮，完成说明添加。

6.其他编辑操作

1）删除程序行

（1）点击需要删除的行以选定（该程序行背景显示为蓝色即表示选中，见图2-14）；

（2）选择操作菜单中的"编辑→删除"，即可删除对应的行。

2）复制粘贴功能

（1）点击选定需要复制的行；

（2）选择操作菜单中的"编辑→复制"，即可复制该选中行；

（3）选择需要粘贴的行；

（4）选择操作菜单中的"编辑→粘贴"，即可将该行粘贴到选中行的下一行（可跨文件复制粘贴）。

3）撤销功能

选择操作菜单中的"编辑→撤销"，即可撤销上一次操作。

4）多选功能

（1）选择操作菜单中的"编辑→多选"，显示多选框；

（2）在多选框里勾选需要选中的行；

（3）对多行进行删除、复制、粘贴操作。

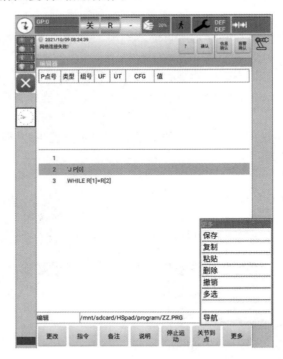

图 2-14　编辑修改界面

考核评价

任务一评价表

基本素养(30 分)				
序号	评价内容	自评	互评	师评
1	纪律(无迟到、早退、旷课)(10 分)			
2	安全规范操作(10 分)			
3	参与度、团队协作能力、沟通交流能力(10 分)			
理论知识(20 分)				
序号	评价内容	自评	互评	师评
1	机器人程序的概念(10 分)			
2	HSR-6 机器人程序的基本信息(10 分)			
技能操作(50 分)				
序号	评价内容	自评	互评	师评
1	程序的新建(10 分)			
2	程序的打开(20 分)			
3	程序的编辑(20 分)			
综合评价				

任务二　标定工具坐标系和工件坐标系

工作任务

在对机器人进行写字程序示教编程之前,需要构建起必要的编程环境,标定工具坐标系和基坐标系。

本任务通过工具坐标系和基坐标系的标定操作,使学生理解工具坐标系和基坐标系的含义,掌握简单的工具坐标系和基坐标系标定方法。

理论知识

一、工具坐标系的含义

工业机器人一般是通过安装在机器人末端的工具来抓取或握紧被控对象进行操作的。

一般不同的机器人会配置不同的工具,比如说弧焊机器人使用弧焊枪作为工具,而用于写字等的机器人就会使用签字笔或激光笔作为工具。

工具坐标系就是用于描述安装在机器人末端工具的位姿等参数的。它固连于机器人末端连杆坐标系,以工具中心点作为坐标原点。

HSR-6机器人默认工具0的工具中心点位于第4、5、6三个关节轴的交点,即位于机器人手腕中心点,如图2-15所示。

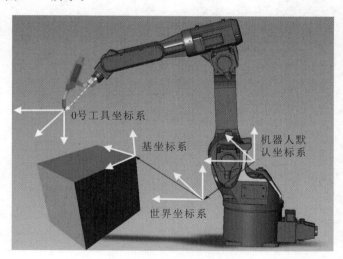

图 2-15　HSR-6工业机器人的0号工具坐标系

二、工件坐标系的含义

工业机器人最终的运动和动作是通过抓取或握紧被控对象来实现的,就像数控机床的工件坐标系一样,工业机器人也可以在被控对象上建立工件坐标系。

工件坐标系是由用户在工件空间定义的一个笛卡儿坐标系。工件坐标包括:(X,Y,Z),用来表示距工件坐标系原点的位置;(A,B,C),用来表示绕 X、Y、Z 轴旋转的角度。

任务实践

一、工具坐标系的标定

HSR-6 机器人控制器支持 16 个工具坐标系,从工具坐标系 1 到工具坐标系 16。

工具坐标系在使用前,一般需要进行标定。标定方法有两种:工具坐标 4 点标定法和工具坐标 6 点标定法。

工具坐标系
标定

1.工具坐标 4 点标定法

如图 2-16 所示,将待测量工具的 TCP 从 4 个不同方向移向一个参照点。参照点可以任意选择。机器人控制系统从不同的法兰位置值中计算出 TCP。使得测量工具运动到参照点所用的 4 个法兰的位置必须距离足够远。

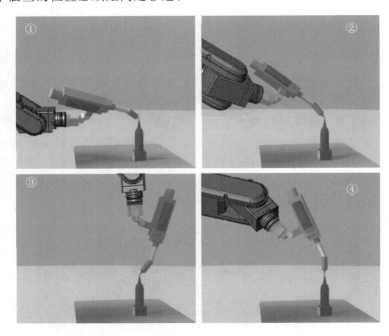

图 2-16　工具坐标 4 点标定法

标定前要注意:

① 要测量的工具应已安装在机器人末端;

② 切换到手动 T1 模式。

工具坐标 4 点标定的具体步骤如下:

(1) 在如图 2-17 所示的"主菜单"界面,点击"投入运行→测量→用户工具标定",弹出如图 2-18 所示的对话框。

(2) 在图 2-18 中,选择待标定的用户工具号,可设置用户工具名称。

(3) 点击"开始标定"按钮。

(4) 将待测量工具移动到标定的参考点 1 的某点,点击"参考点 1",获取该点坐标并记录坐标。

(5) 移动到标定的参考点 2 的某点,点击"参考点 2",获取该点坐标并记录坐标。

(6) 移动到标定的参考点 3 的某点,点击"参考点 3",获取该点坐标并记录坐标。

(7) 移动到标定的参考点 4 的某点,点击"参考点 4",获取该点坐标并记录坐标。

图 2-17　选择工具标定方法

图 2-18　工具坐标标定对话框

（8）点击"标定"按钮，确定程序计算出标定坐标。

（9）点击"保存"按钮，存储工具坐标的标定值。

（10）切换到工具坐标系，选择标定的工具号，选择 A、B、C 方向，则机器人 TCP 会绕着工件旋转。

2. 工具坐标 6 点标定法

与 4 点标定法类似，6 点标定法可以用来标定工具的姿态。记录点位信息时，第 5 个点和第 6 个点分别用来记录工具 Z 轴上的点和 ZX 平面上的点，具体方法参考 4 点法。

二、工件坐标系的标定

HSR 机器人控制器支持 16 个工件坐标系，从工件 1 到工件 16。

工件坐标标定时需选择默认基坐标作为参考坐标，如图 2-19 所示。

工件坐标系
的标定

图 2-19　选择默认基坐标界面

工件坐标系标定方法为 3 点标定法:通过记录原点及 X 方向、Y 方向上的 3 点,重新设定新的基坐标系。

工件坐标 3 点标定法步骤如下:

(1) 在图 2-20 所示的"主菜单"界面中点击"投入运行→测量→用户工件标定",弹出如图 2-21 所示的工件坐标系标定界面。

(2) 在图 2-21 中,选择待标定的用户工件号,可设置用户工件名称。

(3) 点击"开始标定"按钮。

(4) 将工件移动到工件坐标原点,点击"原点",获取坐标记录原点坐标。

(5) 将工件移动到标定工件坐标系的 X 方向上的某点,点击"X 方向",获取坐标记录坐标。

(6) 将工件移动到标定工件坐标系的 Y 方向上的某点,点击"Y 方向",获取坐标记录坐标。

(7) 点击"标定"按钮,确定程序计算出标定坐标值。

(8) 点击"保存"按钮,存储基坐标的标定值。

(9) 切换到用户坐标系,选择标定的工件号,走 X、Y、Z 方向,则选定工件会按标定的方向运动。

图 2-20　工件坐标标定界面

图 2-21　工件坐标标定界面

在主菜单中选择"显示→变量列表",选中 UF 寄存器界面,可以查看标定的相应工件坐标值是否显示和是否准确,如图 2-22 所示。点击"保存"按钮,防止标定后的寄存器坐标丢失。

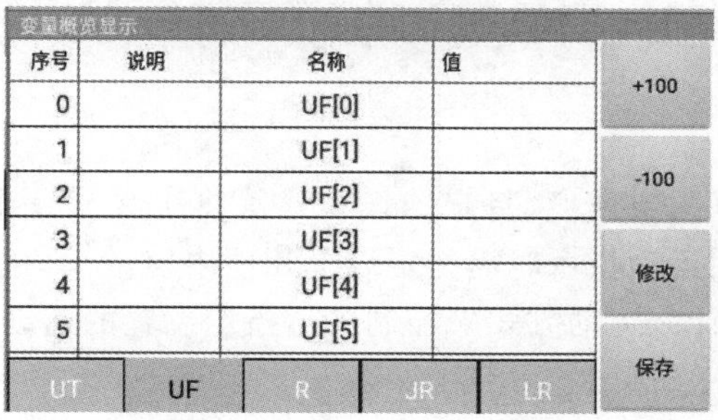

图 2-22　工件坐标系显示

考核评价

任务二评价表

基本素养（30分）				
序号	评价内容	自评	互评	师评
1	纪律（无迟到、早退、旷课）(10分)			
2	安全规范操作(10分)			
3	参与度、团队协作能力、沟通交流能力(10分)			
理论知识（40分）				
序号	评价内容	自评	互评	师评
1	工具坐标系的定义(10分)			
2	工具坐标系的作用(10分)			
3	工件坐标系的定义(10分)			
4	工件坐标系的作用(10分)			
技能操作（30分）				
序号	评价内容	自评	互评	师评
1	工具坐标系标定(10分)			
2	工件坐标系标定(20分)			
综合评价				

任务三　示教写字程序

工作任务

本任务要求通过写字程序的示教编程，操控机器人完成写字过程。学生应通过本任务的学习理解机器人运动指令、数字输入/输出指令、延时指令等，并在这些指令的使用过程中，熟悉位置数据、进给速度、定位路径的设置方法；同时使学生学会任务分析、运动规划、路径规划的方法;掌握程序示教,程序保存、程序加载运行的操作过程,最终完成整个写字过程。

理论知识

运动指令用来实现以指定速度、特定路线模式等将工具从一个位置移动到另一个指定位置。在使用运动指令时需指定以下几项内容。

动作类型:指定采用什么运动方式来控制到达指定位置的运动路径,机器人动作类型有快速运动(J)、直线运动(L)、圆弧运动(C)三种。

位置数据:指定运动的目标位置。

进给速度:指定机器人运动的进给速度。

运动指令编辑框如图 2-23 所示,图中各标签的含义如表 2-1 所示。

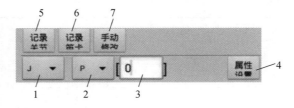

图 2-23　运动指令编辑框

表 2-1　运动指令编辑框各标签含义

编号	说明
1	选择指令,可选 J、L、C 三种指令。当选择 C 指令时,会话框会弹出两个点用于记录位置
2	新记录的点的名称,光标位于此时可选择用 P、JR 或 LR 来记录点
3	设置点的序号
4	设置属性,可在参数设置对话框中添加/删除点对应的属性,在编辑参数后,点击"确定"按钮,将该参数对应到该点
5	将新记录的点赋值为关节坐标值
6	将新记录的点赋值为笛卡儿坐标值
7	点击后可打开一个修改坐标对话框,在对话框中可手动修改坐标值

在程序示教过程中,使用菜单树中的"运动指令"即可添加标准的运动指令。

1. 快速定位指令 J

快速定位是移动机器人各关节到指定位置的基本动作模式。独立控制各个关节同时运动到目标位置,即机器人以指定进给速度,使各个关节沿着(或围绕)所属轴的方向,同时加速、减速或停止,如图 2-24 所示。工具的运动路径通常是非线性的,即工具通常可在两个指定的点之间任意运动。以最大进给速度的百分数作为关节定位的进给速度,其最大速度由参数设定,程序指令中只给出实际运动的倍率。在关节定位过程中不控制被驱动的工具的姿态。

指令语法　J < target position> {Optional Properties}

指令参数(可选)　J 指令包含一系列可选运动参数,如 VEL(速度)、CNT(平滑过渡)、

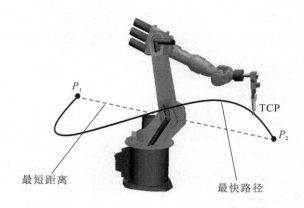

图 2-24 J 快速定位

ACC(加速比)、DEC(减速比)等。属性设置后,仅针对当前运动有效,该运动指令行结束后,属性参数恢复到默认值。如果不设置参数,则使用各参数的默认值运动。

指令示例:

```
1.J P[1] VEL= 50 ACC= 100 DEC= 100 VROT= 50
2.J P[2]
```

在程序中添加 J 指令的操作步骤如下:

(1)标定需要插入的行的上一行;

(2)选择"指令→运动指令→J";

(3)输入点位名称,即新增点的名称;

(4)配置指令的参数;

(5)手动移动机器人到需要的姿态或位置;

(6)选中输入框,点击"记录关节"或者"记录笛卡儿坐标"按钮;

(7)点击操作栏中的"确定"按钮,添加 J 指令完成。

2.直线运动指令 L

直线运动指令用于控制 TCP 沿直线轨迹运动到目标位置,其速度由程序指令直接指定,单位可为 mm/sec。通过区别起点和终点时的姿态,来控制被驱动的工具的姿态,如图 2-25 所示。

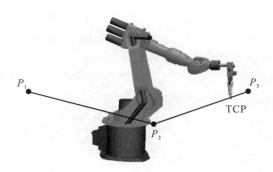

图 2-25 直线运动指令"L"(TCP 点沿着一条直线运动)

指令语法 L < target position> {Optional Properties}

指令参数(可选): L 指令包含一系列可选运动参数,如 VEL(速度)、CNT(平滑过渡)、ACC(加速比)、DEC(减速比)、VORT(姿态速度)等。属性设置后,仅针对当前运动有效,该运动指令行结束后,属性参数恢复到默认值。如果不设置参数,则使用各参数的默认值运动。

指令示例:

```
1.L P[1] VEL= 50 ACC= 100 DEC= 100 VROT= 50
2.L P[2]
```

在程序中添加 L 指令的操作步骤如下:

(1)标定需要插入的行的上一行;

(2)选择"指令→运动指令→L";

(3)输入点位名称,即新增点的名称;

(4)配置指令的参数;

(5)手动移动机器人到需要的姿态或位置;

(6)选中输入框,点击"记录关节"或者"记录笛卡儿坐标";

(7)点击操作栏中的"确定"按钮,添加 L 指令完成。

3.圆弧运动指令 C

圆弧运动指令用于控制 TCP 沿圆弧轨迹从起始点经过中间点移动到目标位置,中间点和目标点在指令中一并给出。其速度由程序指令直接指定,单位可为 mm/sec。通过区别起点和终点时的姿态,来控制被驱动的工具的姿态,如图 2-26 所示。

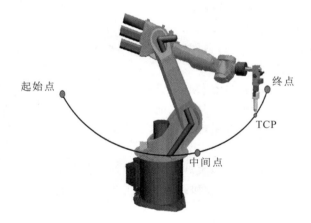

图 2-26　圆弧定位指令 C(TCP 沿着圆弧向结束点移动)

指令语法　C CirclePoint= < vector> TargetPoint= {< vector> } {Optional Property}

指令参数(可选)　C 指令包含一系列可选运动参数,如 VEL、CNT、ACC、DEC、VORT 等。属性设置后,仅针对当前运动有效,该运动指令行结束后,属性参数恢复到默认值。如果不设置参数,则使用各参数的默认值运动。

指令示例:

```
L P[1]
C P[2] P[3]
```

4.运动参数

运动指令的运动参数如表 2-2 所示。

表 2-2　运动指令的运动参数

名称	说明
VEL	速度
CNT	圆弧过渡
CNT_TYPE	平滑类型
ACC	加速比
DEC	减速比
VROT	姿态速度
SKIP	中断

任务实践

完成写字程序的示教编程要经过 4 个主要环节,包括运动规划、示教前的准备、示教编程和程序测试。

运动规划是分层次的,先从高层的任务规划、动作规划再到手部路径规划。任务规划将任务分解为一系列子任务;动作规划将每一个子任务分解为一系列动作;手部路径规划将每一个动作分解为手部的运动轨迹。

示教前需要调试好工具和工件,并设定工具和工件坐标系,这个在任务二中已介绍;

示教编程时,需使用示教器控制机器人各关节到达目标点,然后才能示教取点。

程序编好后,必须进行测试,测试完成后,才能将程序用于写字。

一、运动规划

机器人写字动作可分解成"起笔上方"、"下笔"、"抬笔"等一系列子任务,可以进一步分解为"移到写字板上方""移动贴近写字板""下笔在写字板上""抬笔到安全位置"等一系列动作。

二、示教前的准备

示教过程中,需要在一定的坐标模式(轴坐标、世界坐标、工件坐标、工具坐标)下选择运动模式(T1 或 T2),手动控制机器人到达一定的位置。

因此,在示教运动指令前,必须设定好坐标模式和运动模式,如果坐标模式为工具坐标模式或基坐标模式,还需选定相应的坐标系(即任务二中设置或标定的坐标系)。

三、示教编程

为实现写字功能,在完成任务规划、动作规划、路径规划后,则可确定写字板放置区的位置,开始对机器人写字进行示教编程。

为了使机器人能够进行再现,就必须用机器人的编程命令,将机器人的运动轨迹和动作编成程序,即示教编程。利用工业机器人的手动控制功能完成写字动作,并记录机器人的动作。

四、程序加载

程序编写完成后,在首次运行程序之前,应该先加载程序,以保证程序的正常运行。程序的编写和运行难以避免地会出现错误,相关错误信息都将在示教器软件上方信息栏中显示出来,根据相关的错误信息,可以排查错误。

对于程序的语法问题,在加载时系统会进行语法检查,发现错误后系统将在上方信息栏报警,并在短暂停留后自动退出加载,整个过程中程序无法被启动。更为普遍的错误情况是,程序可以通过语法检查,但是在运行过程中会出现错误,如位置无法到达、加速度超限等。这通常是位置信息、运动参数等设置有误导致的。系统在遇到运行错误时,将会停止在出现错误的一行,报警信息也会指出导致运动停止的原因。

同时出现多个错误时,可以点击信息栏,其中将显示所有错误的信息。

在点击信息栏右方的"报警确认"后,相关错误信息将被清空。为回看错误信息,可以点击菜单键,再点击"诊断→运行日志→显示",在运行日志内,包括提示、警告、错误都会被显示,你可以通过添加过滤器来选择只查看某一类别的信息。

五、参考程序

J JR[1]	'回原点
J P[1]	'第一笔起笔上方
L P[2]	'第一笔起笔
L P[3]	'第一笔尾
L P[4]	'提笔
L P[5]	'第二笔起笔上方
L P[6]	'第二笔起笔
L P[7]	'第二笔尾
L P[8]	'提笔
L P[9]	'第三笔起笔上方
L P[10]	'第三笔起笔
C P[11] P[12]	'笔画"丿"圆弧
L P[13]	'提笔
L P[14]	'第四笔起笔上方
L P[15]	'第四笔起笔
L P[16]	'竖
L P[17]	'弯
L P[18]	'勾
L P[19]	'提笔
L P[20]	'第五笔起笔上方
L P[21]	'第五笔起笔
L P[22]	'第五笔尾
L P[23]	'提笔
L P[24]	'第六笔起笔上方
L P[25]	'第六笔起笔
L P[26]	'第六笔尾
L P[27]	'提笔
J JR[1]	'回原点

考核评价

任务三评价表

基本素养（30分）				
序号	评价内容	自评	互评	师评
1	纪律（无迟到、早退、旷课）(10分)			
2	安全规范操作(10分)			
3	参与度、团队协作能力、沟通交流能力(10分)			
理论知识（30分）				
序号	评价内容	自评	互评	师评
1	J、L、C 运动指令格式(15分)			
2	合理进行运动规划(15分)			
技能操作（40分）				
序号	评价内容	自评	互评	师评
1	独立完成写字程序的编制(10分)			
2	使用示教器控制机器人到达示教位置(10分)			
3	独立完成写字运动位置数据记录(10分)			
4	程序加载(10分)			
综合评价				

任务四　运行写字程序

工作任务

本任务主要是对已经示教完成的写字程序进行加载、自动运行等操作，实现机器人程序的示教再现。

自动运行

任务实践

1.选择程序运行方式

操作步骤如下。

（1）如图 2-27 所示，点击程序运行方式，程序运行方式窗口打开。

（2）选择所需的程序运行方式（程序运行方式的含义见表 2-3）。

（3）应用选定的程序运行方式，点击窗口以外的位置退出窗口。

图 2-27　程序运行方式界面

表 2-3　程序运行方式的含义

程序运行方式	说明
连续	程序不停顿地运行,直至程序结束
单步	每次点击"开始"按钮之后程序只运行一行

2.设定程序倍率

程序倍率是程序进程中机器人的速度。程序倍率以百分比形式表示,以已编程的速度为基准。手动运行方式下程序倍率如图 2-28 所示。

 在运行方式手动T1中，最大速度为125 mm/s，T2运行方式中，最大速度限制为250 mm/s。

图 2-28　手动运行方式的程序倍率

3.打开/关闭使能

驱动装置的状态显示在状态栏中,可在此处接通或关断驱动装置。在手动模式下,可使用安全开关打开使能,在自动模式下通过使能状态按钮设置使能打开和关闭,如图 2-29 所示。

图标	颜色	信息	说明
等待	灰色	等待	未加载程序,等待状态
准备	棕色	准备	加载程序,未开始运行状态
运行	绿色	运行	点击运行按键,程序开始运行
错误	红色	错误	运行时出现错误
停止	灰色	停止	点击停止按键,结束程序运行

(a) 使能状态说明

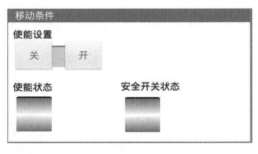

(b) 使能状态设置

图 2-29　使能状态显示

4.加载程序并启动

如图 2-30 所示,加载示教程序。加载程序后,机器人开始按程序执行,执行结果如图 2-31 所示。

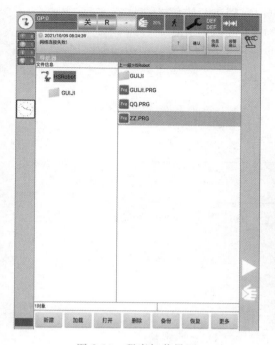

图 2-30　程序加载界面

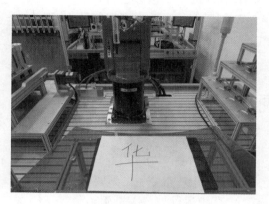

图 2-31　程序完成现场图

考核评价

任务四评价表

基本素养(30 分)				
序号	评价内容	自评	互评	师评
1	纪律(无迟到、早退、旷课)(10 分)			
2	安全规范操作(10 分)			
3	参与度、团队协作能力、沟通交流能力(10 分)			
理论知识(20 分)				
序号	评价内容	自评	互评	师评
1	正确加载程序(10 分)			
2	正确运行程序(10 分)			
技能操作(50 分)				
序号	评价内容	自评	互评	师评
1	试运行程序,并对程序进行适当修改(25 分)			
2	操作机器人运行程序实现写字示教再现(25 分)			
	综合评价			

项 目 小 结

本项目通过工业机器人在写字中的实际应用,主要讲解了工业机器人运动方式的设计,并对运动指令、延时指令进行了介绍,并结合应用实例进行讲解。在技能方面,主要介绍了设定工具坐标系、编辑写字程序、保存写字程序以及以不同方式运行写字程序等,使操作人员能够记住工业机器人编程指令,从而完成工业机器人在写字或标记中的实际应用。

思考与练习

一、填空题

1. 程序的基本信息包括:_____。

2. 机器人的运动类型有三种,分别是_____、_____和_____等。

3. 完成写字程序的示教编程,要经过_____等。

4. 使用运动指令时需指定的内容包括_____。

5. 用于保存位置数据的变量称为_____,位置变量的取值范围为_____,用_____表示。

6. 用于存放位置数据的寄存器称为_____,该寄存器的编号区间从_____到_____,用_____表示。

二、选择题

1. 在"J P1"指令中,"J"的含义是(   )。

A. 直线运行   B. 圆弧运行   C. 关节定位   D. 坐标定位

2. 工业机器人控制系统共有(   )个工具坐标系。

A. 8   B. 16   C. 20   D. 24

三、解答题

1. 编写工业机器人写"中"字的程序。

2. 简述机器人的三种运动类型以及各参数的含义。

3. 以 J 或者 L 指令为例,简述示教写字过程某一示教点的示教过程。

项目三 HSR-6 工业机器人搬运操作与编程

【项目介绍】

搬运机器人广泛应用于汽车、工程机械、轨道交通、电力、IC装备、军工、烟草、金融及印刷出版等众多行业,用于机床上下料、冲压机自动化生产线、自动化装配流水线、码垛搬运、集装箱自动化搬运生产环节,以提高生产效率、节省劳动力成本、提高定位精度并降低搬运过程中产品损坏率。它对精度的要求相对低一些,但承载能力比较大,运动速度比较高。

本项目通过对 HSR-6 工业机器人搬运操作与编程的讲解,使学生能对相关编程指令、示教器的相关操作有系统的了解和认识,具备对机器人搬运作业的操作、编程及维护的能力。

【教学目标】

- 能理解工业机器人程序的概念。
- 能掌握工业机器人的搬运相关编程指令及相关参数。
- 能使用示教器进行工业机器人的常用操作。
- 能使用工业机器人编程指令正确编制搬运控制程序。

【技能要求】

- 能根据搬运任务进行工业机器人运动规划。
- 能够新建、编辑和加载程序。
- 能灵活运用工业机器人的相关编程指令,使用示教器完成搬运程序的示教。
- 能完成搬运程序的调试和自动运行。

任务一 示教搬运程序

工作任务

本任务要求学生通过工业机器人搬运作业示教编程,实现工件的搬运过程。通过本任务的学习,学生应理解机器人运动指令、IO 指令、延时指令等的作用与用法,并在这些指令的使用过程中,熟悉位置数据、定位路径的设置过程,同时使学生学会任务分析、运动规划、路径规划的方法,掌握程序示教、程序保存、程序加载运行的操作过程。

理论知识

一、搬运相关编程指令

1.运动指令

运动指令包括了点位之间的运动指令 J 和 L,以及画圆弧的 C 指令。

1)J指令

J指令格式如下：

    J P[i]P[i]   '位置数据,指定运动的目标位置

J指令用于选择一个点位之后,当前点机器人位置与选择点之间的任意运动,运动过程中不进行轨迹控制和姿态控制。

2)L指令

L指令格式如下：

    L P[i]P[i]   '位置数据,指定运动的目标位置

L指令用于选择一个点位之后,当前点机器人位置与记录点之间的直线运动。

3)C指令

C指令格式如下：

    C P[i] P[i+ 1]   '位置数据,指定中间点和目标点

该指令为走圆弧指令,机器人示教圆弧的当前位置与选择的两个点形成一个圆弧,即三点画圆。

2.IO指令

IO指令包括DO指令、WAIT指令及WAIT TIME指令。

● DO指令可用于输出信号的操作、IO之间的映射;

● WAIT指令用于等待某一输入、输出状态;

IO指令

● WAIT TIME指令用于延时程序(任务)的执行,最短延时时间为1,单位为ms。

IO指令格式及参数如表3-1所示。

表 3-1　IO指令格式及参数说明

指令	参数说明
DO[Value]=ON/OFF/DI[Value]/DO[Value]	Value 为常数
WAIT [condition]	condition 代表 DI、DO 和 R 组成的条件
WAIT TIME <time>	time 代表时间为常数(单位为 ms)

二、IO配置

本任务中使用气动吸盘来吸取工件,气动吸盘的打开与关闭需通过IO信号控制。

HSR-6工业机器人控制系统具有完备的IO通信接口,可以方便地与周边设备进行通信。IO配置主要是对这些输入/输出状态进行管理和设置。在工程应用中,可依据现场情况进行设计和编程。

在本任务中,使用DO[19]输出信号,具体配置如表3-2所示。

表 3-2　DO[19]输出信号

序号	地址	状态	符号说明	控制指令
1	DO[19]	ON/OFF	吸盘打开(吸取工件)/关闭(放置工件)	DO[19]= ON/OFF

任务实践

完成机器人搬运作业的示教编程,要经过4个主要工作环节,包括运动规划、示教前的准备、示教编程、程序测试,如图3-1所示。

搬运_任务描述
与路线规划

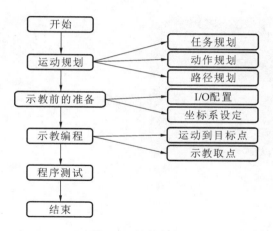

图 3-1　任务实施

示教前需要调试好工具和工件,并设定相应坐标系,示教前还得根据所需要的控制信号配置 I/O 接口信号。

示教编程时,需使用示教器控制机器人到达目标点,然后才能示教取点。程序编好后,必须进行测试,测试完后,才能将程序用于生产搬运。

一、运动规划

机器人搬运动作可分解成"夹取工件""移动工件""放下工件"等一系列子任务,可以进一步分解为"移至工件上方""直线移至吸取点""吸取工件""直线上抬工件""直线移动至放置点""放置工件"等一系列动作,如图 3-2 所示。

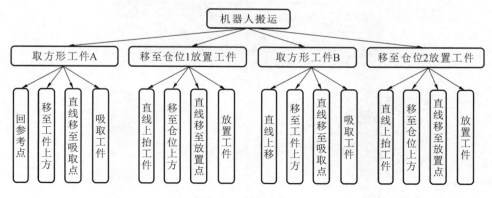

图 3-2　运动规划

二、示教搬运编程

搬运任务:将传送带上的红色圆形工件 A 和红色方形工件 B 依次搬运至指定的仓位 1 和 2 上,然后回到参考点。

利用工业机器人的手动控制功能完成工件的搬运动作,并记录机器人的动作,示教过程如下。

1.新建程序

(1)点击如图 3-3 所示示教器界面左上角的"HSRobot",使所选中行底色变成蓝色。

(2)再点击左下侧的"新建"按钮,弹出如图 3-4 所示对话框,点选"程序"选项。

(3)在对话框中输入程序名,按"确定"按钮,可新建一个空的程序文件。

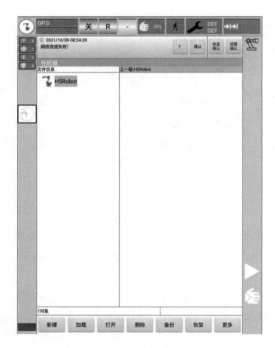

图 3-3　示教器主界面

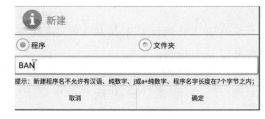

图 3-4　程序新建框

若输入的程序名与已有文件名不冲突,则新建程序完成。点击示教器主界面下侧的"打开"按钮,弹出如图 3-5 所示对话框,界面跳转到示教编程界面。

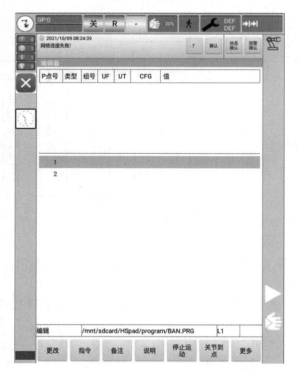

图 3-5　程序编写界面

若输入文件与存在的文件重名,则需要重新输入其他程序名。

2.编程示教

(1) 示教 J 指令:移动至过渡点(L 指令示教同 J 指令)。

① 在图 3-5 所示对话框中点击需要输入指令语句行的上一行,使选中行底色变成蓝色;

② 点击左下侧"指令"按钮,弹出如图 3-6 所示的对话框;

③ 依次选择"运动指令→J"选项,弹出如图 3-7 所示的对话框;

图 3-6 指令输入界面

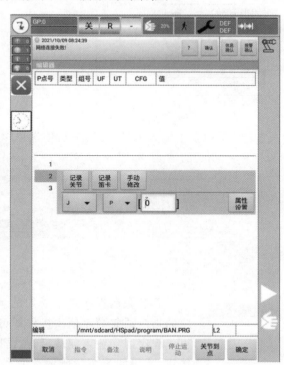

图 3-7 J 指令输入框

④ 输入点位名称,如 P1,配置指令的参数;

⑤ 手动操作机器人使其到需要的姿态或位置,选中点位输入框,点击"记录关节"或者"记录笛卡儿坐标";

⑥ 点击"确定"按钮,完成指令语句"J P[1]"的输入,如图 3-8 所示。

图 3-8 J 指令语句输入行

(2) 示教 I/O 指令:气动吸盘打开。

① 在图 3-5 所示对话框中点击需要输入指令语句行的上一行,使选中行底色变成蓝色;

② 点击左下侧"指令"按钮,会出现如图 3-9 所示的对话框;

③ 依次点击"IO 指令"按钮和"DO"按钮,出现如图 3-10 所示对话框;

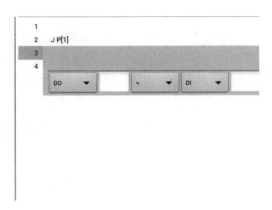

图 3-9　指令输入界面　　　　　　　　　　图 3-10　DO 指令输入框

④ 在中间空白框中输入地址，在第三栏中选取"ON"按钮，点击"确定"按钮，完成指令语句"DO［19］＝ON"的输入，如图 3-11 所示。

1	
2	J P[1]
3	DO[19] = ON
4	

图 3-11　指令语句输入行

其余搬运程序指令语句的示教过程和上面介绍的相同，按搬运程序的指令语句顺序依次操作即可。

程序语句输入完成后，点击图 3-12 所示对话框中右下侧的"更多"按钮，弹出如图 3-12 所示二级菜单，选择"保存"选项，完成搬运程序的保存。

3. 参考程序

J P[0]	'回参考点
J P[1]	'移至过渡点
L P[2]	'工件 A 吸取点
DO[19]= ON	'吸取工件 A
WAIT TIME 1000	'确保吸取到位
L P[3]	'移至工件 A 上方
J P[4]	'移至过渡点
L P[5]	'放置位（仓位 1）
DO[19]= OFF	'放置工件 A
WAIT TIME 1000	'确保放置到位
L P[6]	'移至仓位 1 上方
J P[7]	'移至过渡点
L P[8]	'移至工件 B 吸取点
DO[19]= ON	'吸取工件 B
WAIT TIME 1000	'确保吸取到位
L P[9]	'移至工件 B 上方

图 3-12　程序编辑框

```
J P[10]              '移至过渡点
L P[11]              '移至放置位(仓位 2)
DO[19]= OFF          '放置工件 B
WAIT TIME 1000       '确保放置到位
L P[12]              '移至仓位 2 上方
L P[0]               '回参考点
```

考核评价

任务一评价表

基本素养(30 分)			
序号	评价内容	自评	互评	师评
1	纪律(无迟到、早退、旷课)(10 分)			
2	安全规范操作(10 分)			
3	参与度、团队协作能力、沟通交流能力(10 分)			
理论知识(30 分)			
序号	评价内容	自评	互评	师评
1	J、L、C 运动指令格式(15 分)			
2	合理进行运动规划(15 分)			
技能操作(40 分)			
序号	评价内容	自评	互评	师评
1	独立完成搬运作业程序的编制(15 分)			
2	使用示教器控制机器人到达示教位置(15 分)			
3	独立完成搬运运动位置数据记录(10 分)			
综合评价				

任务二　运行搬运程序

工作任务

　　本任务主要是对已经示教完成的搬运程序进行程序加载、运行等操作,实现机器人搬运作业程序的示教再现。

搬运_示教
与编程

任务实践

一、手动运行程序

(1)选定程序打开后,选择程序运行模式为手动运行,按住安全开关,直到状态栏的使能状态显示为绿色,即使能功能处于打开状态;

(2)按下启动键,安全开关不能松,程序根据设定的运行模式(单步或者连续)开始运行;

(3)停止时,松开安全开关或者用力按下安全开关,或者按下"停止"按钮。

二、自动运行程序

(1)选定程序打开后,将程序运行模式调到自动运行模式(不是外部模式),切换运动模式时系统会将程序运行模式自动设置为连续运行;

(2)点击状态栏使能按钮,直到状态栏的使能状态变为绿色,即使能功能处于打开状态;

(3)按下"开始"按键,程序开始运行;

(4)自动运行时,按下"停止"按键使程序停止运行。

考核评价

任务二评价表

序号	评价内容	自评	互评	师评
基本素养(30分)				
1	纪律(无迟到、早退、旷课)(10分)			
2	安全规范操作(10分)			
3	参与度、团队协作能力、沟通交流能力(10分)			
理论知识(20分)				
1	正确加载程序(10分)			
2	正确运行程序(10分)			
技能操作(50分)				
1	手动运行程序,并对程序进行适当修改(25分)			
2	操作机器人运行程序,实现搬运示教再现(25分)			
综合评价				

项 目 小 结

本项目通过工业机器人在搬运中的实际应用,主要介绍了工业机器人运行模式的设计,对运动指令、IO指令等进行了说明,并结合应用实例对这些指令进行了讲解。在技能方面,主要介绍了示教搬运程序、保存搬运程序以及用不同方式运行搬运程序等,使操作人员能够记住工业机器人编程指令,以及示教编程步骤,从而完成工业机器人在搬运生产中的实际应用。

思考与练习

一、填空题

1. 工业机器人常用的编程指令有 _____、条件指令、_____、_____、_____和循环指令。

2. 机器人控制系统中定义了四种坐标系：_____、_____、_____和_____。

3. 完成搬运程序的示教编程要经过 4 个主要工作环节，包括：_____、_____、_____和_____。

二、简答题

J 指令和 L 指令的区别是什么？

项目四　HSR-6 工业机器人码垛操作与编程

【项目介绍】

码垛机器人广泛应用于物流、食品、医药等领域,以提高码垛效率、节省劳动力成本、提高定位精度并降低码垛过程中的产品损坏率。

本项目讲述利用 HSR-6 工业机器人实现立体仓库取料码垛任务。通过讲述码垛程序的设计及调试,实现项目从任务分析、运动规划、路径规划到编程调试的过程,使学生达到能对机器人进行码垛编程与操作,学习码垛算法的实现的目的。

【教学目标】

● 掌握工业机器人码垛相关编程指令。
● 掌握工业机器人码垛算法,实现码垛编程。
● 能正确使用工业机器人相关编程指令及码垛算法编制码垛控制程序。

【技能要求】

● 能根据码垛任务进行工业机器人的运动规划。
● 能灵活运用工业机器人的相关编程指令。
● 能利用码垛算法完成码垛程序编制。

任务一　单排码垛示教编程

工作任务

本任务通过单排码垛案例,介绍通过码垛算法实现码垛程序的方法。如图 4-1 所示,要完成循环从物料盒中取料后按照相同间隔依次沿着 X 轴正方向放置物料这个动作,使用一般的搬运方法编程需要示教的点位很多,步骤烦琐。本任务将通过算法编制程序,只示教较少的点就能完成任务。

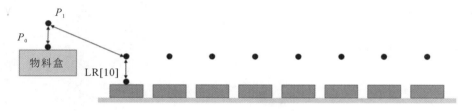

图 4-1　仓库取料后按规律放置物料

理论知识

一、循环指令

1. WHILE 循环指令

WHILE 循环指令根据条件表达式判断循环是否结束,条件为真时,持续循环,条件为假时,退出循环体。

语法如下:

```
WHILE < condition>
    ⋮
END WHILE
```

示例:

```
R[1]= 0                 '设置 R[1]的初始值为 0
WHILE R[1]< 3           '循环头
J P[1]
J P[2]                  '两点之间循环运动
R[1]= R[1]+ 1           '循环次数计数,条件表达式 R[1],依次循环,第 4 次 R[1]= 3,条
                         件不满足,退出循环,共循环 3 次
END WHILE               '循环尾
```

2. FOR 循环指令

FOR 循环指令定义一个变量的初始值和最终值,以及步进值(即每次值递增的大小),判断循环变量值是否小于等于最终值,小于等于若为真则执行循环,若为假则退出循环体,以最近的一个 END FOR 为结尾构成一个循环体。

语法如下:

```
FOR R[1]= 0 TO 3 BY 1
    ⋮
END FOR
```

示例:

```
FOR R[1]= 0 TO 3 BY 1   '循环体变量 R[1]初始值为 0,最终值为 3,步进值为 1,每次
                         循环增加 1。每循环一次 R[1]递进加 1,共循环 4 次
J P[1]
J P[2]                  '两点之间循环运动
END FOR
```

二、寄存器指令

华数Ⅲ型系统预先定义了几组不同类型的寄存器供用户使用,包括浮点型的 R 寄存器、关节坐标类型的 JR 寄存器、笛卡儿类型的 LR 寄存器,其中 R 寄存器共有 300 个可供用户使用,JR 与 LR 寄存器有 300 个。一般情况下,用户将预先设置的值赋给对应索引号的寄存器,如:R[0]＝1,JR[0]＝JR[1],LR[0]＝LR[1],寄存器可以直接在程序中使用,同类型的数据可以进行数学运算。

寄存器指令有 R[ ]、JR[ ]、LR[ ]、JR[ ][ ]、LR[ ][ ]、P[ ]、P[ ][ ]等几种。

寄存器常见语法与表达式如下:

```
R[1]= 1
R[1]= R[2]
```

```
R[1]= R[2]+ 1
JR[1]= JR[2]
JR[1]= JR[2]+ JR[3]
JR[1]= (JR[2]* JR[3])+ (JR[4]/JR[5]- JR[6])
JR[R[1]]= P[1]
JR[1][0]= JR[3][0]
JR[1][1]= R[1]
JR[1][0]= P[1][0]
JR[1][1]= JR[1][1]* R[2]
JR[[R[1]][R[2]]= JR[1][0]- R[1]
```

三、单排码垛放置点坐标计算方式

如图 4-2 所示,每个仓位中心点与相邻仓位中心点的距离相同,均为 60 mm,如果已知所求仓位为第 a 个仓位,就可以得到 a 仓位与第 0 个仓位之间的距离为 $60 \times a$。这样,只示教 P_0 点,然后依次改变 a 的值,就可得到到其余点位的坐标,无须示教多个点。

图 4-2 仓位编号

在 LR 寄存器中修改 LR[0] 坐标值为 $(0,0,50,0,0,0)$,用于 Z 轴方向上偏移。

在 LR 寄存器中修改 LR[1] 坐标值为 $(60,0,0,0,0,0)$。用于 X 轴方向上偏移。

已知仓位 0 的坐标值 LR[10] 为 $(X_0,Y_0,Z_0,A_0,B_0,C_0)$,可根据 0 仓位的坐标得到仓位 0 正上方的坐标值为 LR[10]+ LR[0],仓位 4 的坐标为 LR[14]=LR[10]+4×LR[1]。

四、IO 设置

码垛示教所需的 IO 如表 4-1 所示。

表 4-1 码垛示教 IO 表

序号	地址	状态	符号说明	控制指令
1	DO[19]	ON/OFF	真空发生打开/关闭	DO[19]= ON/OFF
2	DO[20]	ON/OFF	真空破坏打开/关闭	DO[20]= ON/OFF
3	DI[17]	ON/OFF	开启真空反馈/ 关闭真空反馈	WAITDI[17]=ON/OFF

任务实践

完成图 4-1 所示的单排取料示教编程,从物料盒取料后按规律放置物料的示教编程实现如下。

```
R[2] = 0                              '循环变量初始化
WHILE  R[2] < 8                       '循环条件,矩形取料位共有 7 个,当编号从 0 依次
                                       加 1,加到 7,动作完成后循环停止,取料完成
LR[2]= LR[10] + R[2]* LR[1]+ LR[0]    '计算放料位上方坐标,通过循环变量依次在 X 方向
                                       加 1 并乘以仓位的间距,并在 Z 轴方向上加 50 mm,
```

	(LR[10]为仓位 0 放料位坐标)
LR[3]= LR[10]+ R[2]* LR[1]	'计算取料位坐标,通过循环变量依次在 X 方向加 1 并乘以仓位的间距
J P[1]	'运动至取料预备位置(过渡点)
L P[0]	'运动至取料位
WAIT TIME= 500	'延迟 0.5 s
DO[19] = ON	'真空发生开启
DO[20] = OFF	'真空破坏关闭
WAIT DI[17] = ON	'开启真空反馈
J LR[2]	'运动至放料位上方
L LR[3]	'运动至放料位
WAIT TIME = 500	'延迟 0.5 s
DO[19] = OFF	'真空发生关闭
DO[20] = ON	'真空破坏开启
WAIT DI[17] = OFF	'关闭真空反馈
L LR[2]	'运动至放料位上方
J P[1]	'运动至取料预备位置(过渡点)
R[2]= R[2]+ 1	'循环变量依次加 1
END WHILE	'循环结束
J JR[0]	'运动至机器人原点

考核评价

任务一评价表

基本素养(30分)			
序号	评估内容	自评	互评	师评
1	纪律(无迟到、早退、旷课)(10分)			
2	安全规范操作(10分)			
3	参与度、团队协作能力、沟通交流能力(10分)			
理论知识(30分)			
序号	评估内容	自评	互评	师评
1	WHILE 指令、FOR 指令(10分)			
2	寄存器指令(10分)			
3	单排码垛仓位中心点坐标计算(10分)			
技能操作(40分)			
序号	评估内容	自评	互评	师评
1	单排码垛示教编程(40分)			
	综合评价			

任务二　多层码垛示教编程

工作任务

本任务通过具体案例讲解多排多层码垛算法的应用,通过码垛程序的示教编程,使学生理解机器人码垛算法及相关指令;同时使学生学会任务分析、运动规划、路径规划的方法,掌握算法实现码垛程序,最终完成整个码垛。

理论知识

一、MOD、DIV 运算符

在华数Ⅲ型工业机器人系统中,除加、减、乘、除基本运算符以外,新增加了 MOD(求余)和 DIV(求商)的运算符。在码垛示教编程中运用求余、求商运算,可以方便地计算出规则码放的物料坐标数据。

示例如下:

　　　R[0] = R[1] MOD 7 　　　'将 R[1]除以 7 的余数赋值给 R[0]

　　　R[0] = R[1] DIV 7 　　　'将 R[1]除以 7 的商赋值给 R[0]

在程序中添加求商、求余运算的操作步骤如下:

(1) 如图 4-3 所示,选中需要编辑的程序,点击"打开"进入程序编辑界面。

(2) 如图 4-4 所示,点击"指令"按钮,选择"赋值指令"命令。

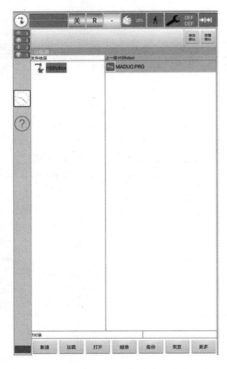

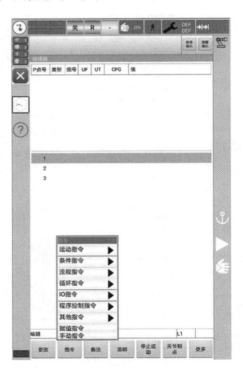

图 4-3　示教器显示主界面　　　　　　图 4-4　程序编辑界面

（3）弹出如图 4-5 所示界面，点击"寄存器"，选择 R 寄存器，填入索引号。

（4）点击"运算符"，弹出如图 4-6 所示界面，根据需要选择 MOD 运算符或 DIV 运算符。

图 4-5　赋值指令编辑界面

图 4-6　运算符选择界面

二、多排码垛放置中心坐标计算方式

进行物料多排码垛时，对每个码垛位置进行取点示教太过烦琐，但是若得知某一点位于第几行第几列、两码垛位之间的距离，就可以轻松通过其行号及列号计算出其以第 0 点为基准的位置坐标。

如果我们设计好码垛的垛型，并对其进行从 0 到 n 的编号（称其为位置号，注意位置号必须从 0 开始），将位置号存储到寄存器里，根据位置号再得到其位于我们设计好码垛垛型的第几排第几列，就可以轻松得到其相对于零点的 X、Y 方向增量。

以位置号 15 为例，图 4-7 所示的码垛方式一行有 7 个码垛位置，将位置号 15 存入 R[1] 寄存器，寄存器 R[2]、R[3] 分别存其行号和列号。于是有：

R[2] = R[1] DIV 7　　　　'用 15 除以 7 得到商为 2，即 15 号位于第 2 行

R[3] = R[1] MOD 7　　　　'用 15 除以 7 得到余数为 1，即 15 号仓位位于第 1 列

三、多层码垛放置点坐标计算方式

图 4-8 所示为多层码垛，每层摆放 4 个物料，位置编号为 0 ～ 7，根据其编号，得到其层数、行号、列号的算法如下。

以位置号 7 为例，首先将第 1 层的 4 个码垛位置减掉，然后剩余的 3 个按照之前的多排方式算法处理就可以得到行号与列号。

将位置号 7 存入 R[1] 寄存器，R[2] 存储其层号，R[3] 寄存其行号，R[4] 寄存其列号，

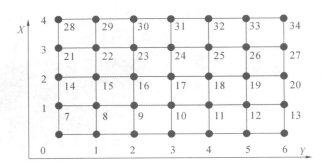

图 4-7　多排码垛位置编号

$R[5]$ 存储其层位置号,于是有:

$R[2] = R[1]$ DIV 4　　　　'用 7 除以 4 得到的整数作为其层号(从零开始)

$R[5] = R[1]$ MOD 4　　　　'$R[5]$ 保存其层位置号

$R[3] = R[5]$ DIV 2　　　　'$R[3]$ 为其行号

$R[4] = R[5]$ MOD 2　　　　'$R[4]$ 为其列号

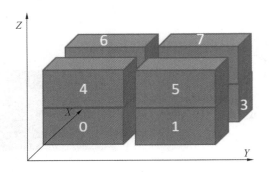

图 4-8　多层码垛位置编号

任务实践

依次从仓库中取 8 个矩形工件在码垛操作台上进行多排多层码垛操作,垛型如图 4-9 所示,然后回到参考点。

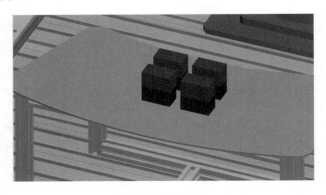

图 4-9　码垛垛型

为使工业机器人的动作能够再现,就必须使用机器人的编程指令,将机器人的运动轨迹和动作编成程序,即示教编程。利用工业机器人的手动控制功能完成工件的码垛动作,并记录机器人的动作,码垛算法吸取工件的位点和放置工件的位点都只需要示教一个,其余工件位点均可通过算法计算出来。仓位间距如图 4-10 所示。

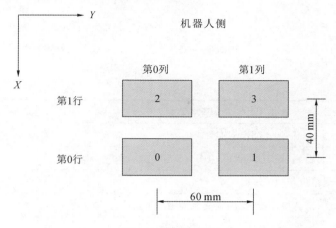

图 4-10　仓位间距

在 LR 寄存器中修改 LR[0]坐标值为(0,0,20,0,0,0)，用于 Z 轴方向上偏移。
在 LR 寄存器中修改 LR[1]坐标值为(40,0,0,0,0,0)，用于 X 轴方向上偏移。
在 LR 寄存器中修改 LR[2]坐标值为(0,60,0,0,0,0)，用于 Y 轴方向上偏移。
寄存器 LR[10]存储仓位 0 的放置点坐标。
算法实现码垛参考程序如下。

```
R[1]= 0                                          '变量初始化
WHILE R[1]< 8                                    '循环条件
R[2] = R[1]DIV 4                                 '层号(从零开始)
R[5] = R[1]MOD 4                                 '层位置号
R[3] = R[5]DIV 2                                 '行号
R[4] = R[5]MOD 2                                 '列号
J P[0]                                           '取料预备位
J P[1]                                           '取料位上方
J P[2]                                           '取料位
WAIT TIME = 500                                  '延迟 0.5 s
DO[19] = ON                                      '真空发生开启
DO[20] = OFF                                     '真空破坏关闭
WAIT  DI[17] = ON                                '等待真空反馈
L P[1]                                           '取料位上方
LR[3]= LR[10]+ (R[2]+ 3)* LR[0]+ R[3]* LR[2]+ R[4]* LR[1]    '计算放料位上方坐标值
LR[4]= LR[10]+ R[2]* LR[0] + R[3]* LR[2]+ R[4]* LR[1]        '计算放料位坐标值
JP[3]                                            '放料预备位
J LR[3]                                          '运动至放料位上方
J LR[4]                                          '运动至放料位
WAIT TIME = 500                                  '延迟 0.5 s
DO[19] = OFF                                     '真空发生关闭
DO[20] = ON                                      '真空破坏开启
WAIT  DI[17] = ON                                '等待真空反馈
L LR[3]                                          '运动至放料位上方
```

```
JP[3]                          '放料预备位
R[1] = R[1]+ 1                 '循环变量依次加 1
END WHILE                      '循环结束
J JR[0]                        '运动至机器人原点
```

考核评价

任务二评价表

基本素养(30 分)				
序号	评估内容	自评	互评	师评
1	纪律(无迟到、早退、旷课)(10 分)			
2	安全规范操作(10 分)			
3	参与度、团队协作能力、沟通交流能力(10 分)			
理论知识(30 分)				
序号	评估内容	自评	互评	师评
1	MOD 运算符、DIV 运算符运用(10 分)			
2	多排码垛位置中心坐标计算(10 分)			
3	多层码垛位置中心坐标计算(10 分)			
技能操作(40 分)				
序号	评估内容	自评	互评	师评
1	独立完成码垛程序的编制(20 分)			
2	使用示教器控制机器人到达示教位置(10 分)			
3	独立完成码垛运动位置数据记录(10 分)			
综合评价				

项 目 小 结

本项目主要学习了工业机器人在码垛中的实际应用。通过本项目的学习和实际操作,掌握工业机器人码垛项目的设计和编程。在理论知识方面,主要学习了工业机器人运动方式的设计及程序运行方式,在指令应用方面,对运动指令、IO 指令进行了说明,并结合指令应用实例进行讲解。在技能学习方面,主要学习了工件坐标系和工具坐标系的标定方法、程序示教、保存运行程序等的操作方法,使操作人员能够记住工业机器人编程指令及程序设计步骤,从而完成工业机器人在码垛生产中的实际应用。

思考与练习

一、填空题

1.循环指令有＿＿＿＿＿＿指令和＿＿＿＿＿＿指令。

2.求余指令为＿＿＿＿＿＿指令。

3.求商指令为＿＿＿＿＿＿指令。

二、简答题

1.在多排码垛中,每行摆放 7 个物料,共摆放 4 行。若位置号从 0 开始,位置 22 的行号和列号分别为多少?

2.在多层码垛中,每层摆放 9 个物料,每行摆放 3 个物料,摆放 3 行,共摆放 4 层。若位置号从 0 开始,位置 28 的行号、列号、层号分别为多少?

项目五　机器人视觉分拣应用编程

【项目介绍】

机器人视觉系统相当于人的眼睛,可辅助机器人获取工作环境信息。工业机器人视觉定位系统将工业相机拍摄的图像信息作为输入,通过图像处理技术提取出有用信息,并与工业机器人进行通信,可实现机器人视觉引导分拣等生产任务。

在大批量工业产品生产过程中,应用机器视觉系统能更快速地对生产线上的产品进行测量、引导、检测和识别,可提高机器人自动化生产的效率和质量。用机器视觉系统为机器人装上"慧眼",可提高和拓展机器人的智能化水平和应用范围。

本项目讲解运用机器视觉获取工件类别和位置信息,以引导机器人完成对工件的智能分拣操作。通过对工业机器人视觉分拣应用编程的学习,学生能加强对机器人视觉分拣系统应用的认识,并具备对机器人视觉分拣系统进行设定、编程与操作的能力。

【教学目标】

- 理解机器视觉系统的基本概念。
- 掌握机器视觉系统的组成及功能原理。
- 理解相机与机器人坐标系的转换计算方法。
- 学会调整固定式相机视觉引导系统与应用。
- 学会调整随动式相机视觉引导系统与应用。

【技能要求】

- 能完成相机的调整与设定。
- 能完成机器视觉软件的操作与设置。
- 能完成机器视觉系统的标定。
- 能完成相机与机器人的通信设置。
- 能完成视觉系统引导的机器人分拣应用编程。

任务一　机器视觉系统的功能与原理

工作任务

在对机器人视觉分拣系统进行设定、操作、编程之前,需要了解机器视觉系统的基本功能和原理。本任务主要学习机器视觉系统的概念、组成及功能等,进而理解机器视觉系统完整的工作流程。

理论知识

一、机器视觉系统简介

机器视觉相当于给机器加上"眼睛",使机器具有人眼部分视觉功能。机器视觉系统通常以智能相机实时图像信息作为输入,并通过视觉软件对数字图像进行处理,进而提取出有用的信息传送给机器人控制器。

机器视觉系统是图像传感器、智能相机,以及计算机图像处理算法等技术的综合集成。机器视觉系统一般用图像传感器来获取目标图像信号,由图像处理软件对图像像素分布、亮度和颜色等信息进行运算,得到目标的特征信息,如尺寸、位置、颜色等信息。

机器视觉系统包括硬件和软件两部分。硬件一般由图像传感器、图像采集卡、计算机,以及光源、镜头、智能一体化相机等部分组成;软件指相关图像处理与分析软件。

二、机器人视觉系统的相关概念

机器视觉在工业机器人系统常见的应用是机器人视觉引导系统,通常也被称为机器人手眼系统。根据相机安装位置不同,机器人手眼系统可分为 Eye-In-Hand(EIH)"眼在手"系统和 Eye-To-Hand(ETH)"眼看手"系统两类。"眼在手"机器人视觉系统的相机安装在机器人手部末端,是随动式相机视觉引导系统;"眼看手"机器人视觉系统的相机安装在机器人本体外的固定位置,是固定式相机视觉引导系统。

机器人视觉控制与计算机视觉、控制工程等技术密切相关,下面对机器人视觉控制中的部分概念作简要介绍。

(1)视觉系统标定:对相机与机器人空间位姿关系的确定。视觉标定是机器人视觉应用的基础。机器人手眼系统的标定,就是对相机坐标系与机器人坐标系之间关系的确定过程。

(2)视觉测量:根据相机获得的视觉图像信息,通过特定的软件算法,以一定的基准参考对目标的尺寸、位置和姿态进行的测量。

(3)视觉控制:根据视觉测量获得目标的位置和姿态,将其作为给定或者反馈,对机器人的位置和姿态进行的控制。简而言之,所谓视觉控制就是根据智能相机获得并经过处理提取的视觉特征信息对机器人进行的控制。

三、机器视觉技术的发展历程

机器视觉技术起源于 20 世纪 50 年代,早期研究从图像的统计模式识别技术开始,主要研究二维图像的分析与识别,如光学字符识别 OCR(optical character recognition)、工件表面图片分析、显微图片和航空图片分析与解释等。

20 世纪 60 年代,美国学者 L. R. Roberts 开始进行三维机器视觉的研究,于 1965 年通过计算机程序从数字图像中提取出诸如立方体、楔形体、棱柱体等多面体的三维结构,并对物体形状及物体的空间关系进行描述。Roberts 的研究工作开创了以理解三维场景为目标的三维机器视觉研究。

20 世纪 70 年代机器视觉系统有了进一步的发展,出现了一些机器视觉应用系统。同期,美国麻省理工大学的人工智能实验室正式开设"机器视觉"课程,由国际著名学者 B. K. P. Horn 讲授,吸引了大批学者进入麻省理工学院参与机器视觉理论、算法、系统设计的研究。

20 世纪 80 年代至 90 年代中期,机器视觉系统应用技术获得蓬勃发展。如今,随着机器视觉和人工智能技术的发展,越来越多的企业采用机器视觉来帮助生产线实现智能检测功能,以提高效率,助力实现生产效益最大化。

任务实践

一、机器视觉系统的组成与分类

1.机器视觉系统的组成

典型的机器视觉系统可以分为图像采集部分、图像处理部分和输出控制部分,通常包括光源、镜头、相机、图像处理软件、输入/输出单元(如图像采集卡、控制器等)。基于 PC 的机器视觉系统如图 5-1 所示。

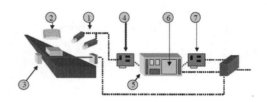

图 5-1　基于 PC 的机器视觉系统组成
1—工业相机与工业镜头;2—光源;3—传感器;4—图像采集卡;
5—PC 平台;6—视觉处理软件;7—控制单元

（1）工业相机与工业镜头属于成像器件,一般视觉系统都包含一套或多套成像器件,如果有多路相机,可由图像采集卡切换通道来获取图像数据,也可采用同步控制方式同时获取多相机通道的数据。

（2）光源作为辅助成像器件,对成像质量的好坏能起到至关重要的作用,通常指各种形状的 LED 灯、高频荧光灯、光纤卤素灯等。

（3）传感器通常以光纤开关、接近开关等的形式出现,用以感测目标对象的位置和状态,并传送信号触发相机或图像传感器进行有效的图像采集。

（4）图像采集卡通常以插入卡的形式安装在 PC 中,早期图像采集卡的作用是把相机或图像传感器输出的图像输送给计算机主机。它将感测的模拟或数字信号转换成一定格式的图像数据流,它还可以控制相机的一些参数,比如触发信号、曝光时间、快门速度等。目前,不少工业相机集成有图像采集卡,并提供千兆以太网接口进行数字图像传送。

（5）PC 平台。计算机是 PC 式视觉系统的核心,在这里完成图像数据处理和大部分控制逻辑,对于检测类型的应用,通常都需要较高频率的 CPU,这样可以减少处理的时间。同时,为了减少工业现场电磁、振动、灰尘、温度等干扰,机器视觉系统通常选择工业级的计算机。

（6）视觉处理软件用来完成输入图像的数据处理,然后通过一定的运算得出结果,这个输出的结果可能是 PASS/FAIL 信号、坐标位置、字符串等。常见的机器视觉软件以 C/C++图像库、ActiveX 控件、图形式编程环境等形式出现,可以是专用功能(比如仅仅用于 LCD 检测、BGA 检测、模板对准等),也可以是通用功能(包括定位、测量、条码/字符识别、斑点检测等)。

（7）控制单元(包含 I/O、运动控制等)。通常在视觉处理软件得到结果之后,需要和外部单元进行通信,以完成对生产过程的控制。简单的控制可以直接利用部分图像采集卡自带的 I/O 实现;而相对复杂的逻辑/运动控制,则必须依靠附加控制单元/运动控制卡来实现必要的动作。

2.机器视觉系统的分类

机器视觉系统一般可以分为两种产品形式,具体为 PC 式视觉系统和智能相机系统。

1）PC式视觉系统

通常采用PC（x86架构，多用Microsoft Windows操作系统）或工业PC为主机，开发合适的机器视觉应用软件，配合光学硬件，如工业相机、镜头和光源等，实现工业自动化所需的定位、测量、识别、控制等功能。

PC式视觉系统的软件多为定制，根据客户实际应用需求开发。通常情况下，应用软件是基于某种商品化机器视觉函数库进行二次开发，如Cognex公司的VisionPro，Adept公司的HexSight，以及德国MVtec公司的HALCON等，所以PC式视觉系统又称为可编程视觉系统。视觉开发需要合格的编程人员，对软件工程师要求较高，既要会用编程语言编程，还要懂得机器视觉理论和各种开发工具、函数库等。

2）智能相机系统

智能相机系统多为嵌入式系统，通过内含的CCD/CMOS传感器采集图像信号，内嵌数字图像处理（DSP）芯片，能脱离PC对图像进行运算处理。智能相机集图像信号采集、模/数转换和图像信号处理于一体，直接给出处理的结果。所有这些功能都在一个小盒子里完成，跟一个普通相机体积差不多，但因为它能实现视觉处理所需功能，所以被称为智能相机系统。

智能相机系统采用的硬件一般基于ARM架构的高性能微处理器，软件则基于实时操作系统，智能相机核心软件是图像分析软件，能进行丰富的图像处理和底层函数库分析。视觉应用开发是对这些底层软件工具模块进行某种组合（称"组态"），以及对单个模块进行参数设置。图像分析软件可在杂乱无章的图像信号中找出规律，实现对图像对应场景的认识和对所发生事件的解释，进行智能判断及输出。

一般智能相机厂家都提供了组态和参数设置的软件，可辅助视觉系统的应用设计工作，如Cognex公司的Easy Builder，Datalogic PPT Vision的Inspection Builder等软件，所以智能相机往往被称为可配置系统（configurable system）。基于智能相机的机器视觉系统应用于生产自动化系统组成如图5-2所示。

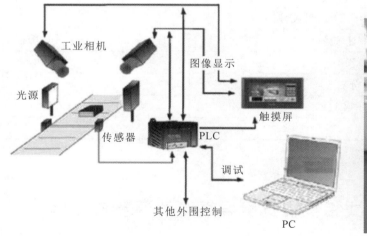

图5-2　基于智能相机的机器视觉系统组成

二、机器视觉系统应用功能及典型工作流程

一个机器视觉系统的典型工作流程如下。

（1）工件定位。传感器探测到物体运动至接近摄像系统的视野区域，向图像采集部分发送触发脉冲。

（2）图像采集部分按照事先设定的程序和延时,分别向相机和照明系统发出启动脉冲信号。

（3）相机停止当前的扫描,重新开始新的一帧扫描,或者相机在启动脉冲来到之前处于等待状态,启动脉冲到来后启动一帧扫描。

（4）相机开始新的一帧扫描之前打开曝光机构,曝光时间可以事先设定。

（5）另一个启动脉冲打开灯光照明,灯光的开启时间应该与相机的曝光时间匹配。

（6）相机曝光后,正式开始一帧图像的扫描和输出。

（7）图像采集部分接收模拟视频信号,通过模/数转换将其数字化,或者是直接接收相机数字化后的数字视频数据。

（8）图像采集部分将数字图像存放在处理器或计算机的内存中。

（9）处理器对图像进行处理、分析、识别,获得测量结果或逻辑控制值。

（10）处理结果控制流水线的动作,进行定位、纠正运动的误差等。

考核评价

任务一评价表

基本素养(30分)				
序号	评价内容	自评	互评	师评
1	纪律(无迟到、早退、旷课)(10分)			
2	安全规范操作(10分)			
3	参与度、团队协作能力、沟通交流能力(10分)			
理论知识(30分)				
序号	评价内容	自评	互评	师评
1	机器视觉的概念(15分)			
2	机器视觉的发展(15分)			
技能操作(40分)				
序号	评价内容	自评	互评	师评
1	机器视觉的组成(15分)			
2	机器视觉的分类(5分)			
3	理解机器视觉的工作流程(20分)			
综合评价				

任务二　固定式相机视觉引导系统的调整与应用

工作任务

本任务主要学习在工业机器人应用技能鉴定实践平台上进行机器视觉系统连接,设置视觉软件相应参数,自动触发拍照并识别传送带上物料形状、颜色及位置坐标等信息,并将相关信息传送至机器人控制器。在装调好机器人末端执行器后,编写机器人程序,实现机器视觉引导机器人自动进行物料搬运和入库操作。

理论知识

一、机器人视觉引导系统的功能组成

机器人视觉引导系统主要用于目标和机器人末端位姿的测量,进而引导控制机器人末端工具的位置和姿态。

机器人视觉引导系统一般通过工业相机将目标对象转换成图像信号,传送给专用的图像处理系统,图像处理软件根据像素分布、亮度、颜色等信息,进行各种运算来提取目标的特征信息,进而来引导机器人和现场设备动作。简单来说,机器人视觉引导系统一般由以下四部分功能组成。

(1)图像采集:光学系统采集图像,将图像转化成数字信号并存入计算机存储器。

(2)图像处理:处理器运用不同的算法来提高对检查有影响的图像因素。

(3)特征提取:处理器识别并量化图像的关键特征,例如位置、数量、面积等,并将这些数据传送到控制程序。

(4)判别控制:控制程序接收特征数据并做出相应的判别和控制。

二、机器人视觉系统的标定

机器人视觉系统的标定过程,实质上是获取工业相机图像坐标系与机器人坐标系之间转换关系的过程,在标定机器人视觉系统之前,首先需要对工业相机进行标定。

1. 工业相机标定的作用

在机器视觉应用或图像测量过程中,为确定空间中物体表面某点的位置与其在图像中对应点之间的相互关系,必须建立相机成像的几何模型,这些几何模型参数就是相机参数。因为相机镜头会存在径向、切向和偏心等畸变,相机的相关参数必须通过试验与计算才能得到,这个求解参数的过程即为相机标定。

在机器视觉应用中,相机参数的标定是非常重要的环节,其标定结果的精度及算法的稳定性直接影响视觉识别结果的准确性。因此,做好相机标定是机器视觉系统稳定、准确识别目标对象的前提。

2. 工业相机标定的方法

相机标定的概念来自一门称为摄影测量学的技术科学。在摄影测量学中通常要利用数学方法对从数字图像中获得的数据进行解析处理,从而得到相机的内部参数和外部参数。相机内部参数是指相机成像的基本参数,如实际焦距、径向镜头畸变、切向镜头畸变以及其他系统误差参数;其外部参数是相机相对于外部世界坐标系的位置和姿态值。

常见的相机标定方法有传统相机标定法、基于主动视觉的相机标定法等。

1)传统相机标定法

该方法需要使用尺寸已知的标定物,通过建立标定物上坐标已知点与其图像点之间的对应关系,利用一定的算法获得相机模型的内、外参数。标定物可分为三维标定物和平面型标定物。三维标定物可由单幅图像进行标定,标定精度较高,但高精密三维标定物的加工和维护较困难。平面型标定物比三维标定物制作简单,精度易保证,但标定时必须采用两幅或两幅以上的图像。传统相机标定法在标定过程中始终需要标定物,且标定物的制作精度会影响标定结果。同时有些场合不适合放置标定物,也限制了传统相机标定法的应用。

2）基于主动视觉的相机标定法

该方法是指在已知相机的某些运动信息的情况下对相机进行标定的方法。该方法不需要标定物,但需要控制相机做某些特殊运动,利用这种运动的特殊性可以计算出相机内部参数。基于主动视觉的相机标定法的优点是算法简单,往往能够获得线性解,故鲁棒稳定性较高;其缺点是系统的成本高、实验设备昂贵、实验条件要求高,而且不适合于运动参数未知或无法控制的场合。

3.机器人视觉引导系统标定的步骤

因机器人视觉设备系统的机器人坐标系和相机坐标系并不重合,且相机计量单位为像素(pixel),机器人运动计量单位为毫米(mm),通常需要 N 点法(N 点标定方法)进行标定换算。

1）视觉系统标定前的准备步骤

将工业机器人的末端以工具尖点为中心,示教操作建立一个工具坐标系;切换工业机器人工具坐标系为此前所建立的工件坐标系,并选择基于世界坐标系运动,操控机器人运动到相应模板标定点位。

2）机器人视觉软件系统标定的步骤

根据不同的工业相机软件平台,各种视觉系统软件标定的步骤略有不同。对于海康威视(Hikvision)机器人开发的工业相机软件平台(Vision-Master)需要先编制视觉系统标定流程图,进行相关参数及相机的触发设置,再选择制作特征模板,并根据视觉软件操作流程,采用 N 点标定方法,记录各个点对应的图像像素坐标和机器人坐标,通过软件解算,可完成机器人视觉系统的标定。

对该实践平台与深圳视觉龙科技有限公司合作开发机器人视觉引导软件系统,有专门的视觉标定模块界面,可按照软件界面完成相应的操作步骤。首先,需制作标定机械臂末端的目标模板,然后移动机器人使目标清晰出现在视野区域,按九宫格顺序移动 9 个点,分别获取 9 组相应的图像像素坐标和机器人末端目标点的世界坐标,通过软件内部解算可实现将图像坐标系与机器人坐标系建立联系;后续按软件引导步骤,可标定旋转中心,并记录机器人吸取物料的姿态,可完成机器人视觉引导系统软件标定。

任务实践

一、视觉系统的连接调试与标定

此任务实践的视觉系统相机选用深圳市视觉龙科技有限公司的工业面阵列相机,集成为固定相机方式的"眼看手"机器人视觉引导系统。下面将介绍此固定式相机视觉引导系统的连接调试及视觉软件的标定。

1.视觉系统的连接

该实践平台依托《工业机器人操作调整工职业技能标准》而设计,包含了机器视觉系统调试功能。设备平台上与机器视觉系统相关的有电脑主机、工业机器人、CCD 相机、总控PLC 等部分,主要设备通信连接如图 5-3 所示。

检查确认设备平台通信网络线路连接正常,各组成部分的 IP 地址说明如下。

华数机器人 HSR-6 工业机器人控制器初始 IP 地址为 10.10.56.214。电脑主机 IP 地址为 192.168.0.20,视觉相机 IP 地址为 192.168.0.10,总控 PLC IP 地址为 192.168.0.1,通过交换机通信连接的设备 IP 地址在同一网段,且最后一位地址号不同。

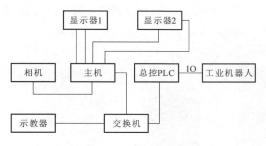

图 5-3 设备通信连接图

2. 视觉软件操作

1）视觉软件界面

由深圳市视觉龙科技有限公司合作开发的机器人视觉引导软件界面如图 5-4 所示。点击左侧各按钮，可进行相关操作。

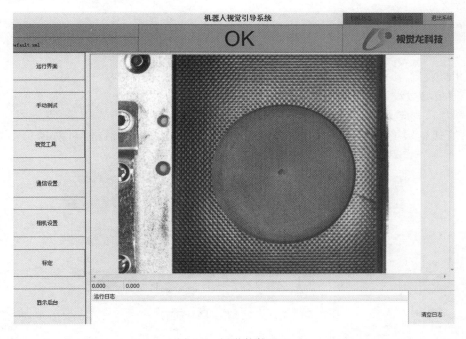

图 5-4 视觉软件界面

（1）运行界面：软件界面切换成图像实时显示的画面。

（2）手动测试：软件会检测一次，识别物体的颜色、形状和位置坐标，并会将数据信息写入 PLC 和机器人的寄存器。

（3）视觉工具：对工件进行工件模板和颜色模板的制作。

（4）通信设置：与机器人和 PLC 连接的通信设置。

（5）相机设置：对相机的相关参数进行设置。

（6）标定：进行标定操作的界面，建立图像坐标系与机器人坐标系的联系，记录机器人取料姿态。

（7）显示后台：显示记录每次拍照处理的结果，最新一次检测结果始终显示在第一行。

2）视觉工具的操作

点击图 5-4 中的"视觉工具"按钮，弹出如图 5-5 所示的视觉工具界面，在此界面中可对物料形状和颜色模板进行添加、删除、编辑、刷新操作,以及目标搜索参数的设置。

图 5-5　视觉工具界面

3.相机设置

1)通信参数设置

在深圳市视觉龙科技有限公司开发的 VD200 机器人视觉引导系统中,点击图 5-5 所示界面中的"通信设置"按钮,弹出如图 5-6 所示视觉通信设置对话框,可对通信参数进行设置。

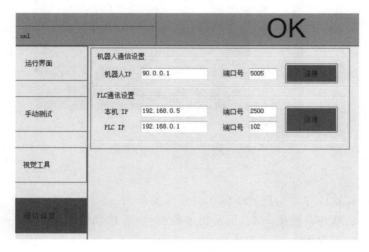

图 5-6　视觉通信设置

在图 5-6 中,机器人控制器 IP 地址为 90.0.0.1,端口号为 5005。本机 IP 地址为 192.168.0.5,端口号为 2500。PLC IP 地址为 192.168.0.1,端口号为 102。单击"连接"按钮图标,通信连接正常后变为绿色,如通信故障为红色,则需要检查线路硬件连接后再点击"连接"按钮图标,确保通信连接正常后才可能实现视觉引导功能。

2)相机拍摄参数设置

点击图 5-5"相机设置"按钮,弹出如图 5-7 所示"相机参数"对话框,可进行相机参数设置,图像的明暗可以通过改变光源的亮度、镜头光圈的大小和相机曝光时间来控制。

图 5-7　相机参数设置

4.视觉软件的标定

1）标定前的准备工作

先将机器人以吸盘为中心,示教一个工具坐标系(Tool10),让机器人吸取一把直尺,使直尺出现在相机的视野范围内,通过改变机器人 Z 轴的高度,使直尺的上表面与待检测的正方形的上表面平齐,将机器人示教器中的坐标系切换成 Tool10,并选择世界坐标系。

2）九点标定

九点标定操作是为了得到像素坐标系与机器人世界坐标系的缩放系数,用以计算物料中心点在机器人坐标系下的实际坐标位置。

九点标定步骤如下。

（1）点击图 5-5 中的“标定”按钮,弹出如图 5-8 所示标定操作界面,在标定界面,点击“标定模板”按钮,在弹出的对话框中参照前面制作工件模板的方法,创建标定模板。

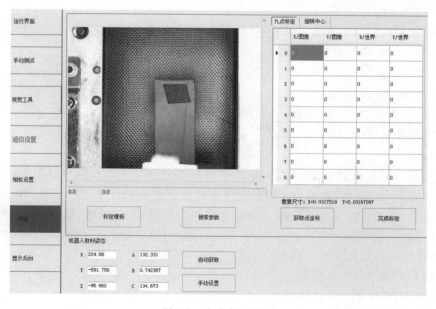

图 5-8　九点标定界面

（2）移动机器人使标定工具在视觉范围内均匀分布于 9 个位置,工具的高度要与工件的顶面保持一致,并点击获取点坐标,记录 9 个点的像素位置和机器人坐标值,9 个点都记录完成之后点击"完成标定"按钮,计算像素比例并保存数据。

3)旋转中心计算

旋转中心计算是为了建立视觉坐标系和机器人坐标系的关系,找出两个坐标系的坐标值偏移量。同时也能获取机器人的取料姿态,让机器人能够以精准的姿态抓取物料。

旋转中心计算步骤如下。

(1)点击图 5-9 右上角"旋转中心"按钮,移动机器人使标定工具出现在视觉拍摄画面内,工具的高度要与工件的顶面保持一致。

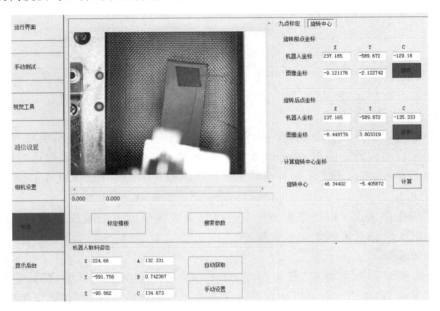

图 5-9 旋转中心界面

(2)机器人在其他坐标轴不移动的前提下,转动 C 轴,转动角度大于 30°并保证标定工具在视觉画面内,分别获取两个点的坐标值。

(3)点击"计算",自动计算旋转中心并保存计算结果。

(4)获取机器人取料姿态,标定完成后,手动控制机器人将目标物沿 Z 轴方向向下微调 2 mm,点击"自动获取"按钮,记录当前位置坐标,机器人取料时就以该姿态为基准,根据视觉计算结果保持 A、B、Z 轴不改变,只改变 X、Y、C 轴,实现机器人自动取料。

5.模板创建

形状模板是用于识别工件形状,本系统中需要设定的 3 个形状模板是圆形(C)模板、方形(S)模板、矩形(R)模板,添加模板时必须注意模板的名称和大小写不能错;颜色模板用于分辨物料颜色,本系统中需要设定的 2 个颜色模板是红色(red)模板、蓝色(blue)模板,添加颜色模板时,注意模板的名称不能错,首字母大写,后面的字母小写。

1)形状模板的添加

形状模板添加的操作步骤如下。

(1)将对应形状的工件放置于传送带摄像机拍摄位置,调整相机曝光率及光源,使工件轮廓对比清晰,调整相机焦距使工件上表面清晰,传送带相对模糊,识别形状时更准确。

(2)点击如图 5-5 所示视觉工具操作界面"添加"按钮,弹出如图 5-10 所示对话框,输入对应模板名称,点击"确定",弹出如图 5-11 所示创建模板操作界面。

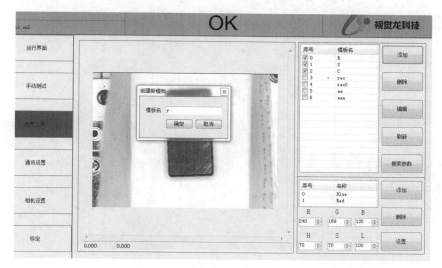

图 5-10 模板创建界面

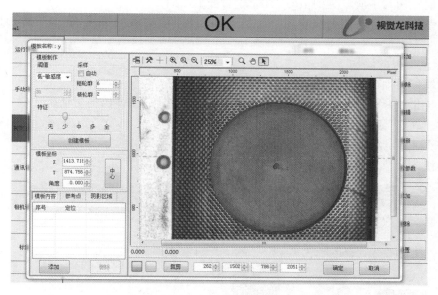

图 5-11 圆形模板创建

（3）调整绿框大小及位置,保证工件在绿框内,点击"创建模板"模板。

（4）删除多余线段,只保留一个物料外轮廓,点击"中心"按钮计算工件中心,点击"确定"按钮完成形状模板创建。

（5）设置搜索参数,约束搜索的条件能更快更准确地定位目标。在图 5-10 中,点击"搜索参数",弹出如图 5-12 所示搜索参数设置界面,可设置搜索参数。

缩放参数限制目标物的大小,当目标物的大小只有与模板的大小的比值在设置范围内时才会被定位到。缩放比例范围设置越大,搜索时间会越长。

角度参数限制目标物的角度,只有当目标物的角度与模板的角度的差值在设置范围内时才会被定位到。角度范围设置越大,搜索时间会越长。

模板最小匹配百分比限制了目标物轮廓的完整度,只有当目标物的轮廓与模板的轮廓

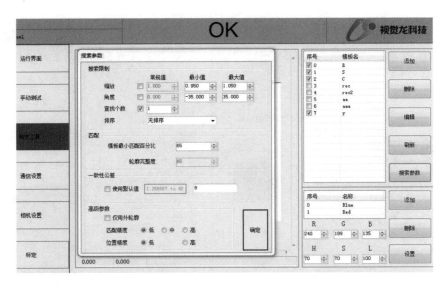

图 5-12　搜索参数设置

的相同的地方达到了所设置的值时，目标才会被定位到。

　　一致性公差建议设置为极小，设置过大会造成匹配错误的情况，例如长方形匹配成正方形。

　　2）颜色模板的添加

　　颜色模板添加的操作步骤如下。

　　（1）点击如图 5-5 所示视觉工具操作界面"添加"按钮，在弹出的对话框中输入颜色模板名称，点击"确定"添加颜色模板，如图 5-13 所示。

　　（2）鼠标移至对应颜色处，将显示的 R、G、B 值输入到对应模板，点击图 5-13 右下角的"设置"按钮。

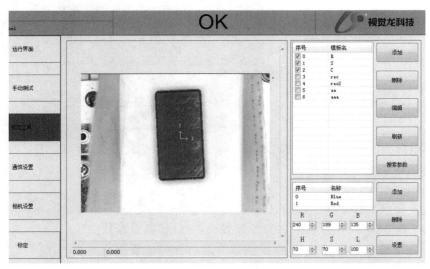

图 5-13　颜色模板创建界面

　　3）视觉标定结果验证

　　视觉标定结果验证操作步骤：

（1）手动将工件放置于传送带视觉相机拍摄位置。

（2）在制造执行系统 MES(manufacting execution system)总控软件打开状态下，点击如图 5-5 视觉软件界面的"手动测试"按钮，如果拍摄成功，计算出的取料点坐标系会发送到机器人的 LR[1]寄存器中。

（3）将机器人调整好末端工具姿态运动到模式二取料预备点 JR[2]。

（4）修改 LR[1]寄存器的 Z 值（在原来数值基础上加 5 mm），如图 5-14 所示；再选择"直线到点"方式运动到 LR[1]，观察吸盘是否在工件中间。

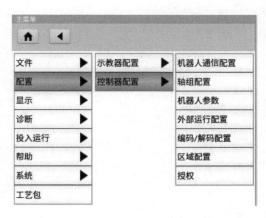

图 5-14　寄存器值修改界面

二、机器人外部信号及通信配置

1. 机器人外部信号配置

选择"配置→控制器配置→机器人通信设置"菜单，可对华数机器人信号及通信进行配置，如图 5-15 所示。

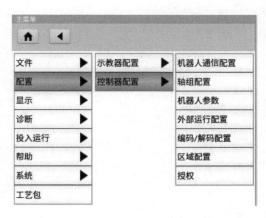

图 5-15　机器人外部信号配置

与机器人通信信号相关的功能有：机器人通信配置、外部运行配置、编码/解码配置等。补充说明，在 HSR 机器人控制器配置菜单设有用户 PLC 配置、ModBus 配置等功能；在一些功能配置中信号操作互斥，不能同时操作同一信号。

1）外部信号配置

配置外部信号是将系统信号和 IO 输入输出点位建立映射关系的过程。所有的系统信号都必须经过配置后才能映射到对应的 IO 点位上。在一个未进行外部信号配置的系统中，默认系统信号和 IO 之间是没有映射连接关系。主要系统信号列表如表 5-1、表 5-2 所示。

表 5-1　输入信号分配表

信号名称	功能说明	备注
iPRG_START	启动程序	系统占用，下降沿有效
iPRG_PAUSE	暂停程序	系统占用，下降沿有效
iPRG_STOP	停止程序	系统占用，下降沿有效
iPRG_LOAD	加载程序	系统占用，上升沿有效
iPRG_UNLOAD	卸载程序	系统占用，下降沿有效
iENABLE	系统使能	系统占用，上升沿使能有效，置"0"断使能
iCLEAR_FAULTS	清除错误	系统占用，上升沿有效

表 5-2　输出信号分配表

信号名称	功能	备注
oDRV_FAULTS	机器人故障	系统占用
oROBOT_READY	机器人准备好	系统占用，程序运行中不会输出该信号
oENABLE_STATE	系统使能状态	系统占用
oPRG_UNLOAD	用户程序处于未加载状态	系统占用
oPRG_READY	用户程序已加载	系统占用
oPRG_RUNNING	用户程序正在运行	系统占用
oPRG_ERR	用户程序出错	系统占用
oPRG_PAUSE	用户程序暂停	系统占用
oIS_MOVING	机器人运动中	系统占用
oMANUAL_MODE	手动模式	系统占用
oAUTO_MODE	自动模式	系统占用
oEXT_MODE	外部模式	系统占用
oHOME	当前处于零点位置	系统占用
oIN_REF[0]	参考点 0	系统占用
oIN_REF[1]	参考点 1	系统占用

对以上输入/输出信号配置分配表中主要信号名称及其功能说明如下。

iPRG_START（程序启动）是启动已加载的用户程序运行的信号，该系统信号只能在程序为"准备"状态下启动程序,暂停和错误状态下不能够启动程序。

iENABLE(使能):可以自动清除错误,当示教器报错后,不需要在示教器上清除报警,外部上使能即可自动清除报警(前提是不存在无法解除的错误,如急停按钮按下,程序错误或其他硬件故障)。

oROBOT_READY(机器人准备好):包括系统初始化完毕,系统使能开启,用户程序处于已加载状态。

iPRG_STOP(程序停止):停止用户程序运行并卸载程序。

表 5-1 及表 5-2 系统信号与外部映射输入/输出配置的具体设置方法如下。

选择"配置→控制器配置→外部运行配置"完成外部信号配置,如图 5-16 所示,对外部信号进行配置和修改需要在 Super 权限下进行;分别在输入配置和输出配置界面对输入信号和输出信号与系统信号建立映射;在设置过程中分别选中要建立映射关系的系统信号和IO 信号,点击"增加"或"移除"分别对应建立映射或解除映射;在设置完成后点击"保存"按钮,设置生效。

图 5-16　外部信号配置

2) 外部运行程序配置

在通过外部信号控制机器人之前,先要在外部运行配置界面设置好要运行的程序,如图 5-17 所示,在华数示教器菜单中选择"配置→控制器配置→外部运行配置",弹出如图 5-17 所示界面,在界面下部菜单选择"程序配置"标签,并在"更新配置"栏设置相应的程序名 EXT1. PRG。

注意:外部运行的程序在修改后需在手动模式或者自动模式下加载一次才会执行修改后的程序,否则会按原有程序执行;示教器不同文件夹中有相同程序名的主程序设为外部自动加载程序时,在外部运行时运行最后一次加载后的程序。

3) 输入输出信号的强制操作

(1) 输入信号的虚拟强制。

在手动、自动和外部模式下,没有定义配置占用的系统信号输入点,都可以虚拟强制;虚拟状态切换模式后,会自动切换为 real 模式;在手动和自动模式下,已经定义配置占用的系

图 5-17　外部运行程序设置

统信号输入点,不可以虚拟强制,即虚拟强制输入无效。已经定义配置占用的系统信号输入点虚拟强制仅在外部模式下有效。

(2)输出信号的强制。

输出信号的虚拟强制无效,即输出信号的强制不需要虚拟状态;在手动、自动和外部模式下,没有定义配置占用的数字信号输出点,都可以强制输出;在手动、自动和外部轴模式下,对于已经定义配置占用的系统信号输出点,不可以强制输出。

2.编码解码功能

编码功能是将 R 寄存器映射到 IO 的输出,根据 R 的值置位 IO 序列,这个过程是二进制编码,通过 R 的值来编码对应 IO 序列值;解码功能是 IO 的输入映射到 R 寄存器,外部输入相应的信号,控制器会把这个信号解码到 R 寄存器。

1)操作步骤

(1)在主菜单选择"配置→控制器配置→编码/解码"选项,弹出如图 5-18 所示对话框。

图 5-18　编码解码配置

(2)根据需要点击"编码配置"或者"解码配置"。

(3)选中相应选项,然后点击"更改"按钮。

(4)在 IO 索引输入框中输入 IO 的起始值、位数,选择 R 寄存器,如图 5-19 所示。

图 5-19　更改编码设置

（5）点击"确定"按钮，如果提示 IO 被占用，则设置失败。

（6）设置完后一定要点击"保存"按钮，否则设置的数据会丢失。

2）功能详解

（1）软件编码扩展输出点。

在控制系统输出信号较多的情况下，可以通过机器人控制系统的内部程序对输出信号进行编码，分别会有 2^n 种组合方式，然后通过 IO 输出驱动负载工作，这可以大大减少对输出点的占用。

（2）软件解码扩展输入点。

在控制系统输入信号较多的情况下，可以利用解码器对输入信号解码，对各个输入信号加以识别，通过信号不同的排列组合，在 R 寄存器中最多对应 2^n 种不同的情况用于程序中的判断，可以大大减少对输入点的占用。

3. 华数机器人用户 PLC 功能

1）用户 PLC 功能描述

在 HSR-6 机器人控制系统中，用户 PLC 是一个特殊的功能子程序 USR_PLC.LIB。启动用户 PLC 功能后，该程序在控制系统内被循环调用。在 PLC 程序内允许用户进行 IO、系统信号的逻辑处理，用户可根据现场的需求编写程序代码实现。理论上讲，用户可在程序内实现任意信号处理的逻辑，但需保障程序的执行时间。原则上不允许在程序里使用运动指令、延时、循环、递归等消耗时间的操作。

在 HSR-6 机器人控制系统中，可以通过 U 盘备份现有控制器系统中的用户 PLC 程序文件，也可导入新的用户 PLC 程序文件以更新/恢复系统环境（见图 5-20）。注意：网络连接失败时，无法导入导出用户 PLC，PLC 需匹配控制器版本，适用同级控制版本。

图 5-20　导入导出用户 PLC 操作界面

2）用户 PLC 导出操作步骤

（1）插入 U 盘。

（2）U 盘识别成功后，打开菜单，依次点击"系统→导入导出用户 PLC"。

（3）点击导出模块的"选择目录"按钮，确定导出路径。

（4）点击"导出"按钮，提示导出成功后，会在选择的导出路径下找到相应文件。

3）用户 PLC 导入操作步骤

（1）插入 U 盘。

（2）U 盘识别成功后，打开菜单，依次点击"系统→导入导出用户 PLC"。

（3）点击导入模块的"选择文件"按钮，确定要导入文件。

（4）点击导入模块的"选择文件"按钮（选择 CRC 文件），确定要导入文件。

（5）点击"导入"按钮，提示"导入文件成功，请断电重启控制器！"断电重启后倒入的用户 PLC 生效。

在 HSR-6 机器人控制系统中，用户 PLC 功能做了一定的改进调整，主要是作为一个线程程序在控制器内持续运行，可以不受主程序影响，实现循环扫描 IO 信号和进行逻辑处理等操作。具体的做法是需要写一个持续运行 RUN 程序作为用户 PLC 程序，然后在主程序写入指令 RUN "XXX. PRG"，即可实现用户 PLC 程序的功能。

4. ModBus 通信功能

ModBus 功能支持 ModBus TCP 协议的总线通信，在 ModBus 功能界面可设置 ModBus 功能属性，HSR-6 机器人控制系统的配置界面如图 5-21 所示。

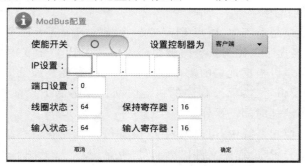

图 5-21　Modbus 通信配置

ModBus 配置功能有一个使能来全局控制 ModBus 功能的开和关，其余为设置参数对象；只有在设置控制器模式为服务端的情况下，IP 设置和端口设置才可以进行操作；线圈状态和输入状态的值只能为小于或等于 64 的正整数，保持寄存器和输入寄存器的值必须为小于等于 8 的正整数，否则设置失败；配置完成后重启华数机器人系统。

1）ModBus 寄存器

华数机器人控制系统中包含四类 ModBus 寄存器：

线圈状态寄存器 COIL_STAT[]，PLC 地址范围为 00001～09999，位寄存器，占 1 位。对于目前华数机器人控制系统来说，如果控制器作为 ModBus 客户端，该寄存器只写；如果控制器作为 ModBus 服务端，该寄存器只读。其数组索引的设置范围为 1～64。

输入状态寄存器 IN_STAT[]，PLC 地址范围 10001～19999，位寄存器，占 1 位。如果控制器作为 ModBus 客户端，该寄存器只读；如果控制器作为 ModBus 服务端，该寄存器只写。其数组索引范围 1～64。

保持寄存器 HOLD_REG[]，PLC 地址范围 40001～49999，字寄存器，占 16 位。如果控制器作为 ModBus 客户端，该寄存器只写；如果控制器作为 ModBus 服务端，该寄存器只读。

输入寄存器 IN_REG[]，PLC 地址范围 30001～39999，字寄存器，占 16 位。如果控制器作为 ModBus 客户端，该寄存器只读；如果控制器作为 ModBus 服务端，该寄存器只写。

2）数据映射

ModBus 映射主要通过用户 PLC 程序来实现。用户自行定义需要进行映射的变量，然后在 USR_PLC.PRG 程序中进行用户自定义变量与 ModBus 寄存器变量映射的过程。程序如下。

```
PUBLIC SUB USR_PLC

                                '（WRITE YOUR CODE HERE）
IN_REG[1]= A1.PFB               '七个轴的坐标值
IN_REG[2]= A2.PFB
IN_REG[3]= A3.PFB
IN_REG[4]= A4.PFB
IN_REG[5]= A5.PFB
IN_REG[6]= A6.PFB
IN_REG[7]= A7.PFB IR
[15]= HOLD_REG[1]
IR[16]= HOLD_REG[2]
IR[17]= HOLD_REG[3]
IR[18]= HOLD_REG[4]
IR[19]= HOLD_REG[5]
IR[20]= HOLD_REG[6]
IR[21]= HOLD_REG[7]
iENABLE= HOLD_REG[8]            '使能
END SUB
```

3）开启 ModBus 映射

将编辑好的映射数据程序文件 USR_PLC.PRG 导入示教器，并手动加载一次（加载到控制器运行），然后通过示教器配置界面，开启用户 PLC 功能，即可实现 ModBus 数据通信。HSR-6 机器人控制系统将 ModBus 功能归类到专门的通信和工艺模块进行配置。

三、机器人编程

1. 机器人与 PLC 变量表

1）工业机器人夹具 IO 地址信息表

工业机器人夹具 IO 地址信息表如表 5-3 所示。

表 5-3 工业机器人夹具 IO 地址信息表

序号	机器人 PLC 信号	定义	对应机器人 D_IN[i]/D_OUT[i]
1	X2.0	真空反馈	D_IN[17]
2	Y2.1	喷涂开关	D_OUT[18]
3	Y2.2	真空发生	D_OUT[19]
4	Y2.3	真空破坏	D_OUT[20]

2）工业机器人 JR 寄存器定义表

工业机器人 JR 寄存器定义表如表 5-4 所示。

表 5-4　工业机器人 JR 寄存器定义表

JR 序号	定义	JR 序号	定义
JR[1]	机器人原点	JR[7]	模式1—放余料预备点
JR[2]	模式2—取料预备点	JR[8]	码垛取料预备点
JR[3]	模式2—放料预备点	JR[9]	码垛放料预备点
JR[4]	模式2—放余料预备点	JR[10]	
JR[5]	模式1—取料预备点	JR[11]	
JR[6]	模式1—放料预备点	JR[12]	

3）工业机器人 LR 寄存器定义表

工业机器人 LR 寄存器定义表如表 5-5 所示。

表 5-5　工业机器人 LR 寄存器定义表

LR 序号	定义	LR 序号	定义
LR[1]	模式2—取料点	LR[24]	模式2—矩红3放料点
LR[2]	模式2—取料上方	LR[25]	模式2—矩红4放料点
LR[5]	模式2—放余料位	LR[60]	圆蓝1码垛位
LR[10]	模式2—圆蓝1放料点	LR[61]	圆蓝2码垛位
LR[11]	模式2—圆蓝2放料点	LR[62]	圆红1码垛位
LR[12]	模式2—圆红1放料点	LR[63]	圆红2码垛位
LR[13]	模式2—圆红2放料点	LR[64]	方蓝1码垛位
LR[14]	模式2—方蓝1放料点	LR[65]	方蓝2码垛位
LR[15]	模式2—方蓝2放料点	LR[66]	方红1码垛位
LR[16]	模式2—方红1放料点	LR[67]	方红2码垛位
LR[17]	模式2—方红2放料点	LR[68]	矩蓝1码垛位
LR[18]	模式2—矩蓝1放料点	LR[69]	矩蓝2码垛位
LR[19]	模式2—矩蓝2放料点	LR[70]	矩蓝3码垛位
LR[20]	模式2—矩蓝3放料点	LR[71]	矩蓝4码垛位
LR[21]	模式2—矩蓝4放料点	LR[72]	矩红1码垛位
LR[22]	模式2—矩红1放料点	LR[73]	矩红2码垛位
LR[23]	模式2—矩红2放料点	LR[74]	矩红3码垛位
LR[99]	增量 50 mm	LR[75]	矩红4码垛位

4）PLC 与机器人 IO 信号表

PLC 与机器人 IO 信号表如表 5-6 所示。

表 5-6　PLC 与机器人 IO 信号表

PLC 输出	机器人输入	定义	PLC 输入	机器输出	定义
Q1.1	X0.0	机器人程序启动	I5.0	Y1.2	机器人准备好
Q2.0	X0.1	机器人程序暂停	I5.1	Y0.1	机器人使能中

PLC 输出	机器人输入	定义	PLC 输入	机器输出	定义
Q2.1	X0.2	机器人程序恢复执行	I5.2	Y0.2	机器人程序已加载
Q2.2	X0.3	机器人程序停止	I5.3	Y0.5	机器人运行中
Q2.3	X0.4	机器人程序加载	I5.4	Y0.7	机器人暂停中
Q2.4	X0.5	机器人使能	I5.5	Y1.0	机器人未加载
			I5.6	Y1.1	机器人原点

2. 机器人与 PLC 通信

机器人与 PLC 之间采用 MODBUS 协议,寄存器 R[1] 是 PLC 给机器人的指令,寄存器 R[2] 是机器人给 PLC 的指令。

通信思路如表 5-7 所示:

表 5-7　通信思路

序号	程序	通信方向	说明
1	IF IR[1]＝51 THEN	总控—机器人	模式 1 下派单
2	IR[2]＝51	机器人—总控	模式 1 反馈
3	IF IR[1]＝52 THEN	总控—机器人	模式 1 子程序
4	IR[2]＝52	机器人—总控	执行模式 1 子程序中
5	MOVE ROBOT　JR[1]		机器人原点
6	IF IR[1]＝1 THE	总控—机器人	呼叫执行取料
7	IR[2]＝1	机器人—总控	呼叫执行取料反馈
8	MOVE ROBOT　JR[5]		机器人到达取料预备点
9	IF IR[1]＝2 THEN	总控—机器人	执行取料
10	IR[2]＝2	机器人—总控	执行取料中
11			机器人取料
12	IR[2]＝3	机器人—总控	取料完成
13	WHILE IR[1]＜＞3	总控—机器人	呼叫取料完成反馈
14	IR[2]＝4	机器人—总控	呼叫取料完成　2 次
15	WHILE IR[1]＜＞4	总控—机器人	呼叫取料完成已确认
16	IR[2]＝0	机器人—总控	机器人放料
17	IF IR[1]＝7 THEN	总控—机器人	呼叫放圆形蓝 1
18	MOVE ROBOT　JR[6]		模式一放料预备点
19	IR[2]＝7	机器人—总控	呼叫放圆形蓝 1 反馈
20	IF IR[1]＝8 THEN	总控—机器人	执行放圆形蓝 1
21	IR[2]＝8	机器人—总控	执行放圆形蓝 1 中
22			机器人执行放料
23	IR[2]＝5	机器人—总控	放料完成
24	IR[2]＝0	机器人—总控	放料完成标志位

3.机器人编程

在硬件设备平台上,按模式二派单的方式运行,编制机器人运行参考程序如下。

1) 主程序

```
J   JR[1]                       '运动到机器人原点
DO[19] =  OFF                   '真空复位
DO[20] =  OFF
R[2]= 0
WHILE TRUE
UTOOL_NUM= 10
UFRAME_NUM= 0
IF R[1]= 54 THEN                '模式二下派单
CALL TWO.PRG                    '"TWO.PRG"为模式二派单的机器人运行子程序
END IF
```

2) 子程序

```
'TWO.PRG
R[2]= 54                        '模式二执行反馈
WHILE R[2]< > 55                '模式二子程序中
IF R[1]= 55 THEN                '模式二子程序
R[2]= 55                        '模式二子程序中
END IF
WAIT TIME= 100
END WHILE
WHILE TRUE
'机器人取料
WHILE R[1]< > 4                 '取料完成已确认
J   JR[1]                       '机器人原点
WHILE R[2]< > 1
IF R[1]= 1 THEN                 '呼叫执行取料
R[2]= 1                         '呼叫执行取料反馈
END IF
WAIT TIME= 100
END WHILE
J   JR[2]                       '模式二取料预备点
WHILE R[2]< > 2                 '执行取料中
IF R[1]= 2 THEN                 '执行取料
R[2]= 2                         '执行取料中
END IF
WAIT TIME= 100
END WHILE
LR[30]= {0,0,30,0,0,0}
LR[2]= LR[1]+ LR[30]
J   LR[2]                       '取料上方
L   LR[1] VEL= 100              '取料点
```

```
DO[19] =  ON                              '真空发生
DO[20] =  OFF
WAIT DI[17]= ON                           '真空反馈
L   LR[2]                                 '取料上方
J   JR[2]                                 '模式二取料预备点
R[2]= 3                                   '呼叫取料完成
WHILE R[1]< > 3                           '呼叫取料完成反馈
WAIT TIME= 100
END WHILE
R[2]= 4
WHILE R[1]< > 4                           '呼叫取料完成已确认
WAIT TIME= 100
END WHILE
WAIT TIME= 100
END WHILE
R[2]= 0
'机器人放料
WHILE R[1]< > 5                           '放料完成反馈
'放圆形蓝 1
IF R[1]= 7 THEN                           '呼叫放圆形蓝 1
J   JR[3]                                 '模式二放料准备
WAIT TIME= 1
WHILE R[1]< > 5                           '放料完成反馈
R[2]= 7                                   '呼叫放圆形蓝 1 反馈
WHILE R[2]< > 8                           '执行放圆形蓝 1 中
IF R[1]= 8 THEN                           '执行放圆形蓝 1
R[2]= 8                                   '执行放圆形蓝 1 中
END IF
WAIT TIME= 100
END WHILE
J   LR[10]+ LR[99]                        '放料上方
L   LR[10] VEL= R[10]                     '放料点
DO[19] =  OFF                             '真空关闭
DO[20] =  ON                              '真空破坏开启
WAIT DI[17]= OFF                          '真空关闭反馈
DO[20] =  OFF                             '真空破坏关闭
L   LR[10]+ LR[99]                        '放料上方
J  JR[3]                                  '料预备点
WAIT TIME= 1
R[2]= 5                                   '放料完成
J  JR[1]                                  '机器人原点
WAIT TIME= 100
END WHILE
END IF
```

```
                                          '放余料
IF R[1]= 60 THEN                          '呼叫放余料
J    JR[1]
J    JR[4]                                 '模式二放余料预备点
WAIT TIME= 1
WHILE R[1]< > 5                            '放料完成反馈
R[2]= 60                                   '呼叫放余料反馈
WHILE R[2]< > 61                           '执行放余料中
IF R[1]= 61 THEN                           '执行放余料
R[2]= 61                                   '执行放圆形红 2 中
END IF
WAIT TIME= 100
END WHILE
L LR[5]+ LR[99]   VEL= 150                 '模式二放余料位上方
L    LR[5] VEL= R[10]                      '模式二放余料位
DO[19] =  OFF                              '真空关闭
DO[20] =  ON                               '真空破坏开
WAIT DI[17]= OFF                           '真空关闭关
DO[20] =  OFF                              '真空破坏关闭
L    LR[5]+ LR[99]                         '模式二料位上方
J    JR[4]                                 '模式二放余料预备点
R[2]= 5                                    '放料完成
J    JR[1]                                 '机器人原点
WAIT TIME= 100
END WHILE
END IF
WAIT TIME= 100
END WHILE
R[2]= 0                                    '放料完成标志位
WAIT TIME= 100
END WHILE
END
```

四、任务实施步骤记录

任务实施步骤如表 5-8 所示。

表 5-8　任务实施步骤

序号	任务过程	记录说明
1	机器人夹具安装	
2	气压回路连接与调试	
3	机器人工具坐标标定	
4	视觉软件设置	
5	相机及光源调整	

续表

序号	任务过程	记录说明
6	视觉九点标定	
7	视觉旋转中心计算	
8	机器人取料姿态获取	
9	手动测试视觉计算结果	
10	机器人程序编写	
11	机器人点位示教	
12	联机调试完成搬运任务	

考核评价

任务二评价表

基本素养(30分)				
序号	评价内容	自评	互评	师评
1	纪律(无迟到、早退、旷课)(10分)			
2	安全规范操作(10分)			
3	参与度、团队协作能力、沟通交流能力(10分)			
理论知识(50分)				
序号	评价内容	自评	互评	师评
1	机器人外部控制功能(20分)			
2	视觉标定意义(20分)			
3	视觉模板的作用(10)			
技能操作(40分)				
序号	评价内容	自评	互评	师评
1	视觉软件操作(15分)			
2	机器人夹具安装(5分)			
3	机器人编程示教(20分)			
综合评价				

任务三　随动式相机视觉引导系统的调整与应用

工作任务

　　随动式相机视觉引导系统采用安装在机械臂末端的智能工业相机获取目标对象数字图像信号,通过视觉处理软件算法对图像信号运算得到目标形状、位置等特征数据,并传送给机器人控制器,实现视觉引导机器人进行运动控制。本任务学习随动式相机视觉引导系统的调整与应用。

理论知识

随动式相机视觉引导系统,随着机械臂末端接近目标,相机与目标的距离会变小,智能相机测量的绝对误差会随之降低。因相机安装在机械臂末端,可根据目标物体大致位置和方向,通过机械臂运动适当调整拍照点的位置,使得随动式相机视觉系统能检测和识别的定位范围更大。

采用在机器人手臂末端执行器旁安装相机的方式,属于"眼在手"的机器人视觉系统,可采用基于图像的视觉控制、基于位置的视觉控制以及结合两者的混合视觉伺服控制。

视觉伺服是视觉控制的一种,是指视觉信息在视觉伺服控制中用于反馈调节信号。视觉伺服的功能是使用从图像中提取的视觉特征,利用视觉信息对机器人进行的伺服控制,控制机器人末端执行器相对于目标的位姿,从而实现视觉引导控制。

该任务涉及机器人视觉系统相关的基本概念,如视觉测量、视觉系统标定、视觉控制等相关内容与此前任务理论知识部分类同,可参考查阅。

任务实践

一、视觉系统的连接调试与标定

此任务实施的硬件设备基于武汉华中数控公司研制的 HSR-JR605 视觉分拣平台,该平台采用机械臂末端安装相机的方式,集成了深圳视觉龙公司的机器视觉系统。下面介绍视觉系统的连接、操作和调试,帮助读者掌握随动式相机视觉引导系统的调试方法和步骤。

1. 相机的连接与调整

1)工业相机连接与调整

工业相机使用 24 V 直流电源。工业相机与 PC 之间通过网线连接,相机有独立的 IP 地址,需要使用 IP Configurator 软件设置其 IP 地址,如图 5-22 所示。右击图 5-22 右上角处 IP Configuration 按钮,弹出如图 5-23 所示对话框,可以修改 IP 地址。状态栏显示"OK"为连接成功。

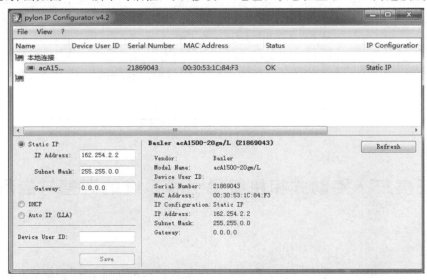

图 5-22　使用 IP Configurator 软件设置相机 IP 值

若工业相机显示在"本地连接 2"里面,则 PC 的网线连接错误,需要把网线换一个接口。

2)工业相机光源

相机光源有配置的电源。在电源上有两个旋钮,旋钮可进行相机亮度的调整。

3)工业相机图片调整

(1)调整工业相机的焦距,使图像显示清晰。

(2)调整工业相机的亮度,有以下三个调整方式:

① 增加光源的光照,旋转光源的电源旋钮;

② 增加相机的光圈大小;

③ 在视觉软件里调整曝光参数,详见视觉软件操作。

2.视觉软件操作

1)视觉软件操作界面

视觉软件操作界面如图 5-24 所示。图中各标签项的含义如表 5-9 所示。

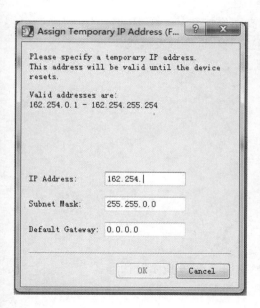

图 5-23　设置相机 IP 地址对话框

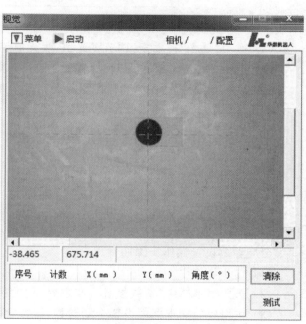

图 5-24　视觉软件操作界面

表 5-9　视觉操作界面各标签项含义

标签项	说明
菜单	可弹出工业相机参数的设置、模板的创建和标定功能
启动	测试拍照是否正常
相机	显示当前工业相机状态 黑色代表工业相机连接正常 红色代表工业相机连接不正常
通信	显示当前通信状态 黑色代表通信正常 红色代表通信不正常

2）工业相机设置

工业相机设置操作步骤如下：

（1）打开菜单栏。

（2）选择菜单栏中的"相机"，弹出如图 5-25 所示对话框。

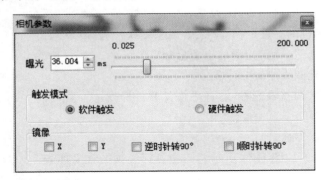

图 5-25　相机参数设置

（3）拖动"曝光"拖动条，调节曝光值，曝光值越高图像越亮。

（4）点选"触发模式"下的"软件触发"或"硬件触发"项，选择触发模式。

● 软件触发：通过写 IR[3] 寄存器实现相机拍照。

● 硬件触发：通过外部 IO 触发相机拍照。

（5）点击镜像下的镜像按钮，选择镜像方式。

● X：可按 X 轴翻转图像。

● Y：可按 Y 轴翻转图像。

● 逆时针转 90°：逆时针 90°旋转图像。

● 顺时针转 90°：顺时针 90°旋转图像。

3）全局参数的设置

全局参数设置操作步骤如下。

（1）打开菜单栏。

（2）选择菜单栏中"参数设置"，在主界面右侧弹出如图 5-26 所示对话框。

（3）在相应的文本框内设置全局参数，各参数含义如下。

① 系统参数。

● 单 CCD 定位工具数：选用几个物体作为模板，最多支持两个。

● 单定位工具模板数：用单个物体创建几个模板，最多支持两个。

● CCD 个数：搭载的相机个数。

② 通信设置。

● 当通信不成功的时候，可以重新换个端口号点击连接按钮。

● IP 地址：控制器的 IP。

● 端口号：有四个端口 5001/5003/5004/5005 可选。

3.九点标定

相机移动：相机的位置在机器人的世界坐标系下是移动的，比如相机固定在机器人法兰盘末端上。

无论选择相机固定还是相机移动的方式，平面标定都可应用九点标定法。相机固定和

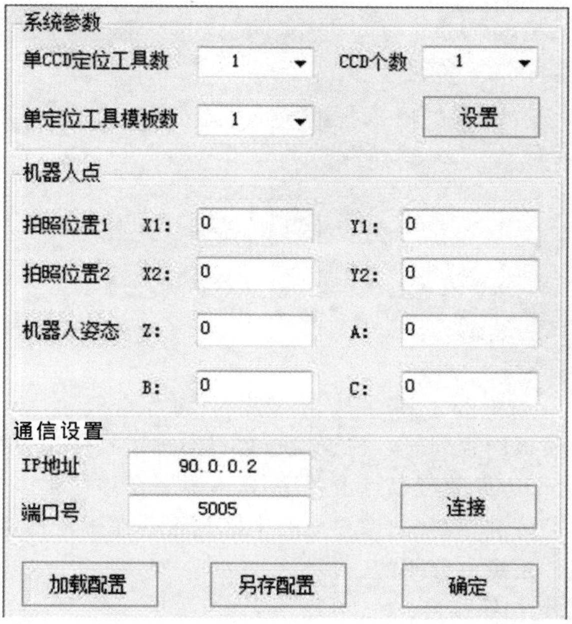

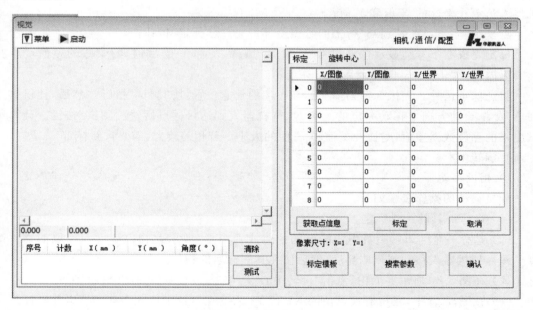

图 5-26　全局参数设置

相机移动的区别在于旋转中心标定的方式不同。

九点标定的操作步骤如下：

（1）在如图 5-27 所示九点标定主界面下，按"标定模板"按键，创建一个标定的模板，如图 5-28 所示。

图 5-27　九点标定

● 改变和调整绿色框的大小和位置，框住标定物体。

● 按"创建模板"按键，若标定物体的边缘全部显示紫色，则创建成功。

如果只有部分边缘显示紫色，可以适当减少阈值（不可改变阈值类型"固定值"）。

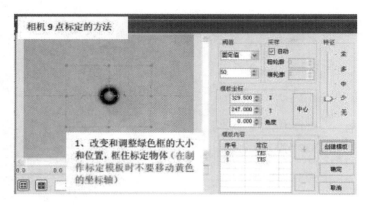

图 5-28　标定模板创建

创建成功后,观察模板内容列表。检查模板数目与标定物体边界数是否相等,如图 5-28 所示。如果模板数目大于边界数可以点击各序号,看哪一个序号是多余的,按"一"删除。

选中序号,按"中心"按键,观察图像界面的坐标是否落在标定物体上。

注意:要求标定工件是黑白分明的。

(2) 把机器人移动到拍照高度。

(3) 移动机器人,使标定物体显示在图像窗口的中间的绿色框里面。

(4) 选中点位窗口的"4"行,点击"获取点信息"按键,然后标定物体上会显示一个红色十字,"4"行的前两格上会自动显示该红色十字的位置。此时,在"4"行的后两格上手动填入机器人的笛卡儿坐标的 X 值和 Y 值。

(5) 运动机器人,使标定物显示在剩余的一个绿色框里,点击"获取点信息"按键,填入机器人笛卡儿坐标的 X 值和 Y 值。

重复第(5)步,待"0"到"8"行上的数据全部填完,按"标定"按钮。

标定完成右下方会显示像素尺寸 X 和 Y。观察 X 和 Y 的数值,两个数的差值要求在 0.05 以内,若大于 0.05,需要重新进行标定。

验证像素尺寸。先把标定物体显示在图像的任意位置,按"测试"按键。然后,让机器人在 X 或者 Y 轴方向上移动一定的距离 K,待机器人到达目标点后,按"测试"按键。计算测试出来的点位数据差值,对比此差值和 K 值的大小。若相差较大,需要重新标定。

4. 旋转中心标定

1) 相机移动

相机移动的操作步骤如下:

(1) 进行夹具的工具标定。

(2) 选择一个与末端夹具中心配合的物体或者图形(要求此物件高度与抓取的物件高度一致),把机器人移动到抓取高度,然后使夹具和选取的物件配合。

(3) 在图 5-27 所示界面中,点击"旋转中心"选项卡,弹出如图 5-29 所示界面。

(4) 在图 5-29 中,在机器人点位的 X1 和 Y1 后的文本框中填入当前的笛卡儿坐标。

(5) 把机器人移动到拍照高度,并使选取的物件显示在图像窗口。

(6) 在图 5-29 中,在机器人点位的 X2 和 Y2 填入当前的笛卡儿坐标。

(7) 以选取的物件为模板,创建一个新的标定模板。

(8) 按"定位"按钮,待软件识别到模板后,按"计算"按键。旋转中心的 X 和 Y 会自动显

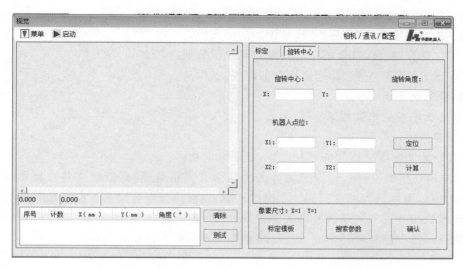

图 5-29　旋转中心界面

示数值。

（9）点击"确定"按钮,标定流程全部完成。

2）相机固定

相机固定的操作步骤如下:

（1）在一把长铁尺上,贴一张小纸片。把机器人移动到抓取高度,然后使纸片显示在图像窗口,如图 5-30 所示。

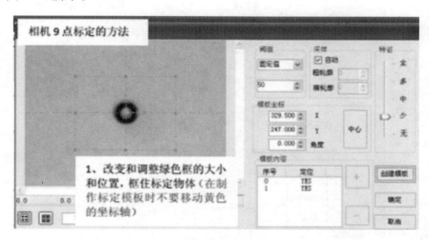

图 5-30　创建形状模板

（2）以小纸片为模板,创建一个新的标定模板。

（3）使选取的物件显示在图像窗口的左上方,在机器人旋转中心坐标 X 和 Y 上,填入当前机器人的笛卡儿坐标。

（4）按"旋转前定位"按钮,待软件识别到小纸片。

（5）按"搜索参数",把旋转的参数改为±60°。

（6）选择一个未使用的 LR 寄存器,在寄存器里获取当前的笛卡儿坐标,修改坐标的 C 值,在原来的数值基础上加 50°移动到修改后的点位。

(7) 在旋转角度上填 50°。

(8) 按"旋转后定位"按钮,待软件识别到模板后。

(9) 按"计算"按钮,待旋转中心后面自动显示数值。

(10) 点击"确定"按钮,标定流程全部完成。

5. 创建形状模板

创建形状模板的步骤如下。

1) 步骤一

① 改变和调整绿色框的大小和位置,框住标定物体。

② 按"创建模板"按钮,若标定物体的边缘全部显示紫色,则创建成功。如果只有部分边缘显示紫色,可以适当减少阈值。创建成功后,观察模板内容列表。模板数目是否与标定物体的边界数相等。如果模板数目大于边界数则可以点击各序号,看哪一个序号是多余的,按"一"删除。选中序号,按"中心"按键,观察图像界面的坐标是否落在标定物体上。

2) 步骤二

① 选择需要抓取的物体,在模板 1 里面创建一个新模板;

② 点击创建模板的"搜索参数",弹出如图 5-31 所示窗口;

③ 在窗口里面修改角度值,把最小值改为"一180",最大值改为"180"。取消"一致性公差"的勾选,按"确定"按钮。

图 5-31 搜索参数设置

移动机器人到拍照点,随意放置需抓取的物件。点击"测试"按钮,检验是否可以捕捉到需抓取的物件。

二、华数机器人与机器视觉系统 PC 的通信

1. 华数机器人 IO 接线

若机器人末端夹具需要华数机器人的 IO 输出端控制,夹具的负极端接机器人 IO 输出端,夹具的正极端接 24V 电源。

2. 视觉系统 PC 平台与华数机器人的链接

PC 平台、机器人控制器和示教器之间使用局域网连接,这三方的 IP 地址要求在同一网段内。视觉系统 PC 平台的 IP 设置在网络连接的"本地连接 2"上设置。

机器人控制器的 IP 设置可以通过华数Ⅲ型配置软件进行设置,控制器对应的 IP 通常为 10.10.56.214。示教器的 IP 设置需要在设备管理和华数 APP 通信设置里面设置,两个地方需要设为一样的 IP 地址。

机器人控制器可作为服务端在 23234 端口号上侦听来自客户端的 TCP 连接。通常情况,控制器的 IP 地址为 10.10.56.214,示教器的 IP 地址为 10.10.56.213。

3. 视觉系统常用二次开发函数

机器人控制器提供 Windows 7 的 C++二次开发接口,其中有以下 7 个接口可供视觉系统使用。

(1) HMCErrCode NetInit(const std::string& rIp,const unsigned short rPort)。

网络初始化函数。rIp 为字符串 IP 地址,rPort 为端口号。例:NetInit("10.10.56.214",23234)在调用其他二次开发接口前,必须初始化网络。

(2) HMCErrCode NetExit( )。

网络退出函数。断开网络时调用此函数。目前该函数执行时间需要 10 s 左右,有待优化。

(3) HMCErrCode NetIsConnect( )。

查询当前网络连接状态。返回"0"表示网络连接正常,返回其他值表示非正常。

(4) HMCErrCode SetIR(int index,long value)。

设置 R 寄存器函数。R 寄存器为 long 型的数组,共 300 个。参数 Index 为数组的索引,范围为 1~300,参数 value 为要设置的值。

(5) HMCErrCode GetIR(int index,long & value)。

获取 R 寄存器函数。R 寄存器为 long 型的数组,共 300 个。参数 Index 为数组的索引,范围为 1~300,参数 value 为获取寄存器的值,注意该参数为引用,是传出参数。

(6) HMCErrCode SetLR(int index,const DcartPos& value)。

设置 LR 寄存器函数。LR 寄存器为机器人的记录笛卡儿坐标的数组,共 1000 个。该寄存器拥有 6 维参数,为 XYZABC。参数 Index 为数组的索引,范围为 1-1000,参数 value 为 std::vector<double>的数据类型,注意传入的 value 的元素个数必须为 6。

(7) HMCErrCode GetLR(int index,DcartPos& value)。

获取 LR 寄存器函数。LR 寄存器为机器人的记录笛卡儿坐标的数组,共 1000 个。该寄存器拥有 6 维参数,为 XYZABC。参数 Index 为数组索引,范围为 1-1000,参数 value 为 std::vector<double>的数据类型,是传出参数,其元素个数为 6。

三、坐标系的标定转换计算

工业机器人世界坐标系与相机坐标系的相对位置计算原理如图 5-32 所示。

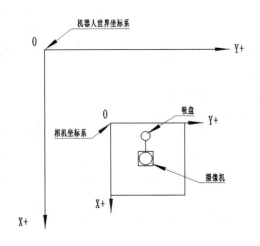

图 5-32 坐标系转换计算原理图

1.像素比例计算

采用 9 点标定法,计算出相机坐标系与机器人世界坐标系的比例,将视觉相机拍摄的像素尺寸转换为以 mm 为单位的机器人坐标值;并根据 9 个点的两个坐标系的对比,计算出相机坐标系在机器人世界坐标系下的旋转角度。

2.吸盘旋转中心计算

根据旋转中心的两个坐标点的坐标数据,计算机器人吸盘中心在相机坐标系下的坐标值,并通过计算得到吸盘中心移动到相机坐标零点的机器人世界坐标系数值,并存储于视觉软件的配置文件中。

3.工件位置计算

根据视觉拍摄的图像,计算出工件在相机坐标系下的坐标位置和角度,并根据旋转中心存储结果计算出机器人实际取料位置。

四、机器人编程

1.编程思路

(1) 机器人移动到月牙拍照点,把 R[3] 寄存器置 1,等待 R[6] 的信息。

(2) 待 R[6] 由"0"转变为"1"。

(3) 获取 LR[9] 的信息,移动到抓取过渡点。

(4) 调整速度进行,获取 LR[4] 的信息,移动到实际抓取点。

(5) 离开抓取区域。

(6) 根据 R[8] 的值判断末端姿态旋转角度正负,而且对 R[7] 的值进行计算,适当地添加到安全点位的 C 角度值上面,作姿态变换。

(7) 运动到放料位置。

(8) 放料,回工作原点。

在正常运行多次后,若机器人抓取完工件抬升一段位置后停止运行并且示教器报警(某轴超出限位)。这是正常现象,是工件旋转角度的问题。机器人运动到的放料点超出限位。可以作以下修改:

① 在视觉软件上把角度参数范围进行适当修改,使在这旋转范围里无法识别图像。

② 修改机器人的限位。改动限位需要低速试运行观察这改动方式是否会引起其他问题。不建议进行这种修改方式。

2. 编程须知

所用到的寄存器：

（1）以 R[3]、R[6]两个寄存器作为操作流程的标志位。

当 R[3]显示为 1 时为开始拍照。

当 R[3]显示为 0 时为等待拍照。

当 R[6]显示为 1 时为点位获取完成。

（2）LR[4]和 LR[9]存放抓取点位的信息。

LR[4]为实际抓取位置。

LR[9]为抓取过渡位置，此点在 LR[4]的正上方 50mm 的位置。

（3）LR[7]和 LR[8]存放选择角度的信息。

R[7]为需要旋转的角度，实际旋转角度需要此寄存器的数值除以 1000；

R[8]为旋转的方向，只有"1"和"2"表示顺时针和逆时针。

在运行程序之前可以手动修改 R 寄存器的值，然后查看 R 寄存器和 LR 寄存器的相应寄存器是否有相应的参数反馈。把系统的 Z 轴方向上的负限位调大，正常情况下 Zmin 为－300，夹具偏心安装时需要标定工具坐标。

3. 机器人点位示教

在操作中有两个点位，需要手动对位。

第 1 个是拍照点，拍照点的确定在完成硬件连线之后。

第 2 个是放料点，放料点需要在程序试运行的时候进行对位。

4. 机器人编程

以机器人末端安装夹具、相机、光源，抓取月牙形工件的流程为例，下面为参考程序。

```
< program>
J   JR[1]                    '运动到机器人原点位置
WHILE TRUE
CALL CLEARORC.PRG            '调用初始化子程序
L   LR[3]
CALL CAMERA1.PRG             '调用相机拍照子程序
WAIT TIME= 100
END WHILE
< end>
'CLEARORC.PRG               '初始化子程序
R[3]= 0                     '开始拍照信号初始化1,0
R[6]= 0                     '拍照完成信号初始1,0
R[7]= 0                     '初始化中间角度寄存器为0,其值+ 1对应+ 0.001度
R[8]= 0                     '初始化正中间为0,其值为1表示+ ,值为2表示-
DO[25] = OFF                '关闭吸盘
R[100]= 0                   '初始化中间角
END
' CAMERA1.PRG               '触发相机拍照子程序
LABEL1:
```

```
R[3]= 1                              '月牙拍照信号
WHILE R[3]= 1                        '等待确认拍照完毕
WAIT TIME= 100
END WHILE
WAIT TIME= 500
IF R[6]= 1 THEN                      'IR[6]= 1 拍照完成
CALL POS1.PRG                        '调用取料子程序
ELSE
IF  R[6]= 0 THEN
GOTO  LABEL1
END IF
END IF
R[6]= 0
R[8]= 0
R[5]= 0
END
  'POS1.PRG                          '拍照完成,取料子程序
IF R[8]= 1 THEN
R[100]= R[7]/1000'中间角度为正
ELSE
IF R[8]= 2 THEN
R[100]= - R[7]/1000'中间角度为负
END IF
END IF
L   LR[9]VEL= 300                    'LR[9]为月牙取料过度点
LR[10]= {0,0,- 30,0,0,0}             '取料上方增量
L   LR[10] VEL= 300 INC              '取料上方过渡
L   LR[4] VEL= 50                    'LR[4]为月牙取料点
DO[25] =  ON                         '取料完成
WAIT TIME= 100
LR[11]= {0,0,200,0,0,0}              '提升 200mm 增量
L   LR[11] VEL= 300 INC              '提升 200mm 运动
LR[12]= {0,0,0,0,0,R[100]}           '根据相机拍摄识别角度偏转姿态角寄存器
LR[24]= LR[7]+ LR[12]                '存放角度偏转后位置姿态值
LR[30]= {0,0,20,0,0,0}
L   LR[24]+ LR[30]                   '放料上方过渡
L   LR[24] VEL= 50                   '月牙放料
L   LR[7]+ LR[30]
DO[25] =  OFF
WAIT TIME= 500
LR[51]= {0,0,- 3,0,0,0}
LR[52]= {0,0,3,0,0,0}
L LR[51] INC
L LR[52] INC                         '抖动防止铁块没有消磁
```

```
WAIT TIME= 1000
L   LR[24]+ LR[30]                        '放料上方过渡
END
```

五、任务实施步骤记录

任务实施步骤如表 5-10 所示。

表 5-10 任务实施步骤

序号	任务过程	记录说明
1	设备开机	
2	视觉相机安装	
3	视觉软件设置	
4	九点标定	
5	旋转中心计算	
6	编写机器人测试程序测试通信	
7	编写机器人搬运程序	
8	联机调试完成搬运任务	

考核评价

任务三评价表

基本素养(30 分)			
序号	评价内容	自评	互评	师评
1	纪律(无迟到、早退、旷课)(10 分)			
2	安全规范操作(10 分)			
3	参与度、团队协作能力、沟通交流能力(10 分)			
理论知识(30 分)				
序号	评价内容	自评	互评	师评
1	机器人通讯协议(15 分)			
2	机器视觉坐标计算(15 分)			
技能操作(40 分)				
序号	评价内容	自评	互评	师评
1	视觉软件操作(15 分)			
2	通信线路连接(5 分)			
3	工业机器人的编程示教(20 分)			
	综合评价			

项 目 小 结

本项目主要学习了机器视觉的基本概念,通过本项目的学习,掌握工业机器人的组成和了解机器视觉的发展历程。在基础知识方面,主要学习了机器视觉系统的组成、分类、及工作流程;在操作应用方面,主要了解了相机与机器人之间的通讯、坐标系的计算;在技能学习方面,主要操作了相机的调整与设定、机器视觉软件的操作与设置、机器视觉软件的标定、相机与机器人的通讯设置、结合机器视觉完成机器人编程等,从而使操作人员能够能熟练调整固定式和随动式相机视觉引导系统及其应用。

思考与练习

一、填空题

1. 机器视觉按产品形式一般可分为_____、_____两类。

2. HSR-605 机器人有_____个 R 寄存器。

3. HSR-605 机器人外部控制输入信号 iPRG_LOAD 表示_____。

4. HSR-605 机器人用户 PLC 程序的名称必须是_____。

二、简答题

1. 机器视觉的主要组成部分。

2. 简述机器视觉的工作流程。

3. 简述视觉软件九点标定的方法。

4. 简述旋转中心计算的意义。

5. 简述机器人用户 PLC 操作步骤。

6. 简述工业机器人 MODBUS 通讯的 4 类寄存器。

项目六　智能产线系统工业机器人应用编程

【项目介绍】

智能产线系统是基于新一代信息技术,贯穿生产、管理、服务等活动的各个环节,具有自感知、自决策、自执行等功能的先进制造过程、系统、模式的总称。智能产线系统融合了自动化、数字化、网络化、集成化、智能化等技术。

工业机器人是智能产线系统中非常重要的装备,智能产线涉及工业机器人与立体仓库、数控机床等设备的上下料。在完成智能制造单元设备通信、硬件连接等生产准备前提下,应用工业机器人,可完成智能制造单元上下料编程调试,并通过制造执行系统(manufacturing execution system,MES)进行订单的下发,实现智能制造单元的生产运行。

【教学目标】

- 能够完成智能产线系统中工业机器人编程及调试,满足智能产线生产及节拍要求。
- 掌握智能产线系统中工业机器人编程调试要求。
- 掌握智能产线总控系统与工业机器人通信配置。

【技能要求】

- 能安全启动智能产线系统。
- 能根据智能产线生产及运行节拍要求,正确编写工业机器人程序并调试。
- 能按生产要求调试机器人生产节拍及优化生产效率。

任务一　智能产线系统基本功能及各模块介绍

工作任务

智能产线系统编程调试之前,需要了解智能产线系统的基本功能和各模块的组成及作用,通过本任务的学习,掌握智能产线单元中各设备(部件)的功能与作用。

理论知识

一、智能产线系统布局

智能产线系统主要以智能制造技术推广应用实际与发展需求为设计依据,按照"设备自动化+生产精益化+管理信息化+人工高效化"的构建理念,将数控加工设备、工业机器人、检测设备、数据信息采集管控设备等典型加工制造设备,集成为智能制造单元"硬件"系统,结合数字化设计技术、智能化控制技术、高效加工技术、工业物联网技术、RFID数字信息技术等"软件"的综合运用。

智能产线系统结构如图 6-1、图 6-2 所示,包含数控加工单位、数控车床、在线检测单元、六轴多关节式机器人、立体库、中央控制系统、MES 管理软件和大屏幕看板等。

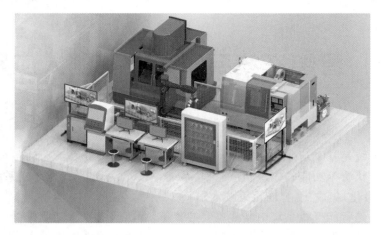

图 6-1　切削加工智能制造单元技术平台主视图

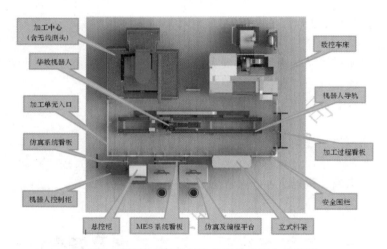

图 6-2　切削加工智能制造单元技术平台俯视图

二、智能产线系统主要设备介绍

1. 数控车床

数控车床为斜床身结构,如图 6-3 所示,正面配自动门、自动吹扫装置、以太网接口;机床内置摄像头,镜头前装有气动清洁喷嘴;配备华中数控 HNC-818T 数控系统,主轴、进给均为交流伺服电动机。

2. 加工中心(含在线检测)

加工中心带机械手式刀库如图 6-4 和图 6-5 所示,正面配自动门、自动吹扫装置、以太网接口,机床内置摄像头,镜头前装有气动清洁喷嘴,配华中数控 HNC-818B 数控系统,主轴、进给机构均采用交流伺服电动驱动机驱动。

3. 工业机器人 HSR-JR620

工业机器人 HSR-JR620 如图 6-6 所示,为六关节机器人。用于对数字化仓库及数控机床的上下料。

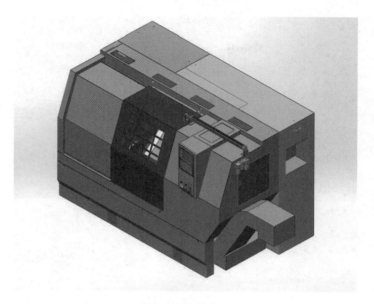

图 6-3　数控车床

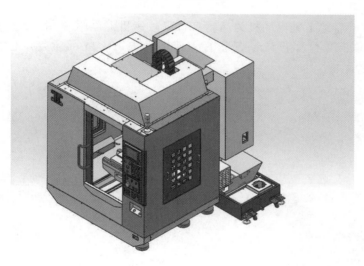

图 6-4　加工中心

图 6-5　在线检测装置

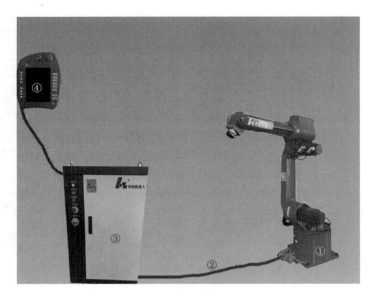

图 6-6　工业机器人

4.机器人导轨

工业机器人自带第七轴电动机为高精密行星减速机提供驱动,由工业机器人控制系统联动控制;导轨总长度不大于 5 m;最快行走速度大于 1.5 m/s,重复定位精度高于±0.2 mm,如图 6-7 所示。

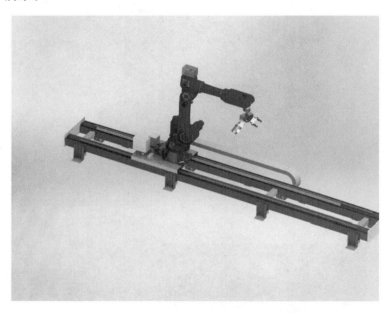

图 6-7　机器人导轨

5.机器人夹具

机器人夹具采用快换夹持系统,由 1 套机器人侧快换和 3 套夹具侧快换组成,实现三种机器人手爪的快速更换,如图 6-8 所示。机器人侧快换装置具备握紧、松开、有无料检测功能,并具备良好的气密性。手爪安装扩散反射型光电开关,可检测机器人手爪有无抓取工件状态(有工件/无工件)。手爪上安装 RFID 一体式读写器,可读写加工信息和加工状态。

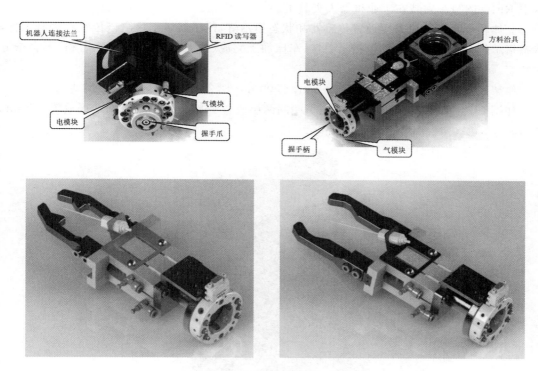

图 6-8　机器人夹具

6. 工业机器人快换工作台

快换夹具工作台满足 3 款手爪的放置功能,每个位置配置手爪放置到位置检测传感器。快换夹具工作台安装在靠近料仓侧并与机器人导轨本体固定。快换夹具工作台配置大底板和支撑腿立于地面上,不与地面固定。机器人快换夹具工作台示意图如 6-9 图所示。

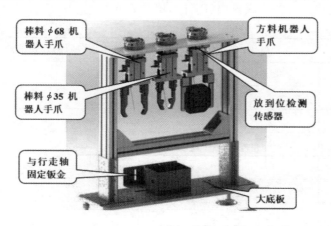

图 6-9　工业机器人快换工作台

7. 数字化立式料架

数字化立式料架带有安全防护外罩及安全门,安全门配置工业标准的安全电磁锁。

立体仓库的操作面板配备急停开关、解锁许可(绿色灯)、门锁解除(绿色按钮)、运行(绿色按钮灯)。

立体料仓工位设置 30 个,每层 6 个仓位,共 5 层,每个仓位或标准托盘配置 RFID 芯片,其中 RFID 读写头安装在工业机器人夹具上。

　　立体料仓每个仓位需要设置传感器和状态指示灯,传感器用于检测该位置是否有工件,状态指示灯分别用不同的颜色指示毛坯、车床加工完成、加工中心加工完成、合格、不合格五种状态;每个传感器分别与主控通信。

　　料架尺寸:长×宽×高约为 1510 mm ×500 mm ×2031 mm(含配重板尺寸)。

　　如图 6-10 所示,料仓底层放置方料,中间两层放置 ϕ68 mm 圆料,上面两层放置 ϕ35 mm圆料。

图 6-10　数字化立式料架

任务实践

根据智能制造单元的各组成模块(部件),填写表 6-1。

表 6-1　智能制造单元各组成模块

序号	模块(部件)名称	该模块(部件)在智能产线单元中功能作用
1		
2		
3		
4		
5		
6		
7		
8		
9		
10		
11		
12		

考核评价

任务一评价表

基本素养(30分)				
序号	评估内容	自评	互评	师评
1	纪律(无迟到、早退、旷课)(10分)			
2	安全规范操作(10分)			
3	参与度、团队协作能力、沟通交流能力(10分)			
理论知识(70分)				
序号	评估内容	自评	互评	师评
1	智能产线主要设备组成(20分)			
2	智能产线主要设备功能作用(20分)			
3	智能产线各设备之间的关系(30分)			
综合评价				

任务二　工业机器人与中央控制系统通信

工作任务

工业机器人作为切削加工智能制造单元的执行机构,它的主要作用就是来给数控机床上下工件,搬运物料,它不需要进行单元运行逻辑的思考,只需要执行由 PLC 发送过来的命令。什么时候该上料,什么时候该下料,都是由中央控制系统(PLC)来告诉机器人。PLC 与工业机器人之间使用网络来通信,通过通信协议。完成工业机器人与 PLC 之间的通信。

理论知识

1. PLC 硬件模块(见表6-2)

表6-2　PLC 硬件模块

模块类型	插槽号	订货号
通信模块 CM1241(RS422/485)	101	6ES7 241-1CH32-0XB0
CPU 模块　1215C DC/DC/DC	1	6ES7 215-1AG40－0XB0
数字量模块 DI 16×24V DC/DQ 16×Relay	2	6ES7 223-1PL32-0XB0
数字量模块 DI 16×24V DC/DQ 16×Relay	3	6ES7 223-1PL32-0XB0
数字量模块 DI 16×24V DC	4	6ES7 221-1BH32-0XB0
数字量模块 DI 16×24V DC	5	6ES7 221-1BH32-0XB0

2. PLC 与工业机器人通信变量(见表 6-3)

表 6-3　PLC 与工业机器人通信变量

通信地址	变量类型	功能	定义
30001	INT	读	(系统数据)J1 轴实时坐标值
30002	INT	读	(系统数据)J2 轴实时坐标值
30003	INT	读	(系统数据)J3 轴实时坐标值
30004	INT	读	(系统数据)J4 轴实时坐标值
30005	INT	读	(系统数据)J5 轴实时坐标值
30006	INT	读	(系统数据)J6 轴实时坐标值
30007	INT	读	(系统数据)E1 轴实时坐标值
30008	INT	读	(系统数据)机器人状态
30009	INT	读	(系统数据)机器人 home 位
30010	INT	读	(系统数据)机器人模式
30011	INT	读	R[90]
30012	INT	读	R[11]
30013	INT	读	R[12]
30014	INT	读	R[13]
30015	INT	读	R[14]
30016	INT	读	R[24]
40001	INT	写	R[15]
40002	INT	写	R[16]
40003	INT	写	R[17]
40004	INT	写	R[18]
40005	INT	写	R[19]
40006	INT	写	R[20]
40007	INT	写	R[21]
40008	INT	写	外部使能
40009	INT	写	R[23]
40010	INT	写	R[25]
40011	INT	写	R[26]
40012	INT	写	R[27]
40013	INT	写	R[28]
40014	INT	写	R[29]
40015	INT	写	R[31]
40016	INT	写	

3. PLC 各模块 I/O 起始地址规划(见表 6-4)

表 6-4 PLC 各模块 I/O 起始地址规划

模块	输入起始地址	输出起始地址
CPU	0	0
DI 16×24VDC/DQ 16×Relay_1	2	2
DI 16×24VDC/DQ 16×Relay_2	4	4
DI 16×24VDC_1	8	—
DI 16×24VDC_2	10	—

4. 各设备 IP 地址规划(见表 6-5)

表 6-5 各设备 IP 地址规划

设备	IP 地址
工业机器人	192.168.8.103
PLC 电脑	192.168.8.98
PLC	192.168.8.10

任务实践

一、设备组态

(1)双击打开 TIA Portal 软件,在 Portal 视图下,选择创建新项目,设置好项目名称、存放路径、作者和注释后点击"创建",如图 6-11 所示。

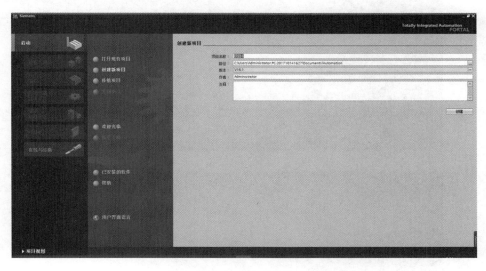

图 6-11 新建项目

(2)项目创建完成后如图 6-12 所示,可以在当前界面中的"设备与网络"添加设备,也可以在项目视图里进行设备组态。

(3)如图 6-13 所示,点击"设备与网络",然后点击"添加新设备",在控制器中寻找与硬件设备相对应的 PLC 的 CPU 型号,这里用 SIMATIC S7-1200 CPU 1215C DC/DC/DC,订货号为:6ES7 215-1AG40-0XB0,版本选择 V4.1。选择好后,会对选择的 CPU 有一个简短的设备说明,"125 KB 工作存储器;24VDC 电源,板载 DI14×24VDC 漏型/源型,板载 DQ10×24VDC 及 AI2 和 AQ2;板载 6 个高速计数器和 4 个脉冲输出;信号板扩展板载

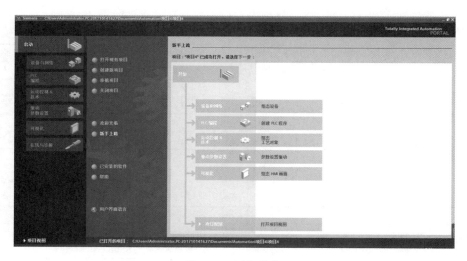

图 6-12　添加设备

I/O;多达 3 个用于串行通信的通信模块;多达 8 个用于 I/O 扩展的信号模块;0.04 ms/1000 条指令;2 个 PROFINET 端口,用于编程、HMI 和 PLC 间数据通信",点击"添加"按钮。

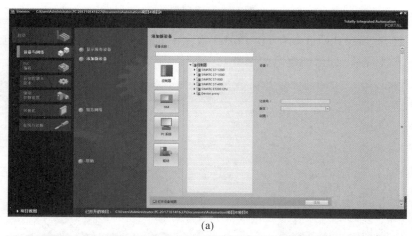

(a)

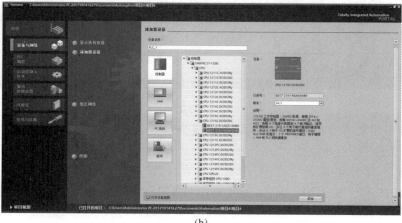

(b)

图 6-13　添加新设备

（4）添加完成后，自动打开项目视图，如图 6-14 所示，我们需要更改 CPU 的 IP 地址，点击"CUP"，在下方巡视窗口中"属性"栏里面，找到以太网地址，IP 地址更改为：192.168.8.10 子网掩码默认即可：255.255.255.0。

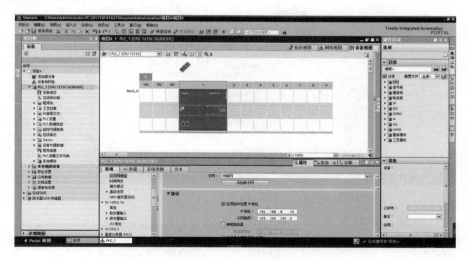

图 6-14　项目视图

（5）如图 6-15 所示，在右侧"目录"栏中，依次添加两个 DI/DQ 模块、两个 DI 模块，两个 DI/DQ 模块型号为 DI 16×24VDC/DQ 16×Relay，订货号为 6ES7 223-1PL32-0XB0，版本为 V2.0。如图 6-16 所示，选中新添加的 DI/DQ 模块，在下方巡视窗口中"属性"栏里面，找到 I/O 地址，第一个 DI/DQ 模块输入、输出地址的起始地址改为 2，结束地址自动更新，第二个 DI/DQ 模块输入、输出地址的起始地址改为 4。选中新添加的 DI 模块，在下方巡视窗口中"属性"栏里面，找到 I/O 地址，第一个 DI 模块输入地址的起始地址改为 8，结束地址自动更新，第二个 DI 模块输入地址的起始地址改为 10。

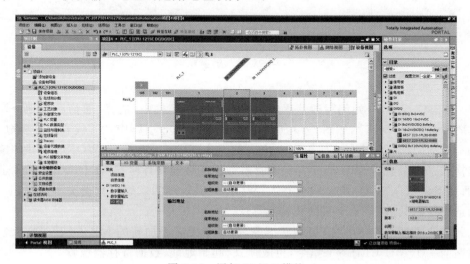

图 6-15　添加 DI/DQ 模块

（6）如图 6-17 所示，在左侧添加一个通信模块，型号为 CM 1241（RS422/485），订货号为 6ES7 241-1CH32-0XB0，版本为 V2.2，选中新添加的通信模块，在下方巡视窗口中"属性"栏里面"端口组态"里，将"波特率"设置为 115.2 Kbps。

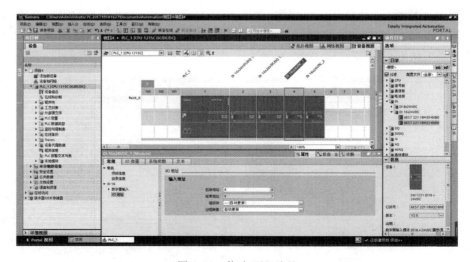

图 6-16　修改 I/O 地址

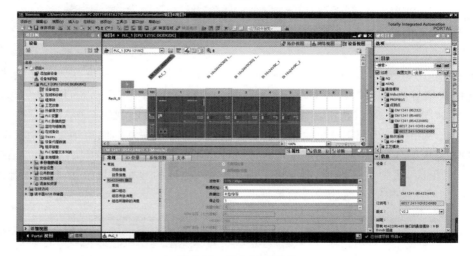

图 6-17　添加通信模块

二、编写通信程序

（1）组态完成后,开始编写通信程序。在右侧"指令"栏中,选择"通信→其他→MODB-US TCP→MB_CLIENT",如图 6-18 所示。在 MB_MODE 引脚中,"0"代表的是读取,"1"代表的是写入。MB_HOLD_REG 引脚上填写的 P♯DB101.DBX0.0 WORD 16 是用来寻址的固定格式,P♯后面的 DB101 是存储寄存器数据的数据块标号;后面 DBX0.0,DB 是格式,X0.0 的意思是从 X0.0 开始读取或写入;WORD 16 表示的意思是数据类型为字,16 位,16 代表的意思是总共进行 16 个字的长度的寻址。

总共需要添加两个 MB_CLIENT 指令,第二个无需添加新的 MB_CLIENT 指令,只需复制粘贴前一个 MB_CLIENT 指令,更改模式、起始地址、数据寄存器位置。

通信块管脚定义如表 6-6 所示。

(a)

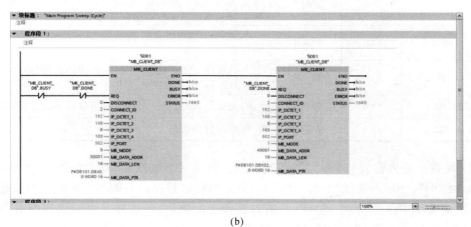

(b)

图 6-18　编写通信程序

表 6-6　MB_CLIENT 通信块管脚定义

参数	声明	数据类型	说明
REQ	Input	BOOL	与 Modbus TCP 服务器之间的通信请求,只要设置了输入(REQ=true),指令就会发送通信请求,请求与其他客户端背景数据块的通信。请求被阻止在服务器进行响应或输出错误消息之前,对输入参数的更改不会生效,如果在 Modbus 请求期间再次设置了 REQ 参数,此后将不会进行任何数据传输
DISCONNECT	Input	BOOL	通过该参数,可以控制与 Modbus 服务器建立和终止连接:0:建立与指定 IP 地址和端口号的通信连接;1:断开通信连接。在终止连接的过程中,不执行任何其他功能。成功终止连接后,STATUS 参数将输出值 7003,如果在建立连接的过程中设置了参数 REQ,将立即发送请求
CONNECT_ID	Input	UINT	确定连接的唯一 ID。指令"MB_CLIENT"和"MB_SERVER"的每个实例都必须指定一个唯一的连接 ID
IP_OCTET_1	Input	USINT	Modbus TCP 服务器 IP 地址中的第 1 个八位字节

参数	声明	数据类型	说明
IP_OCTET_2	Input	USINT	Modbus TCP 服务器 IP 地址中的第 2 个八位字节
IP_OCTET_3	Input	USINT	Modbus TCP 服务器 IP 地址中的第 3 个八位字节
IP_OCTET_4	Input	USINT	Modbus TCP 服务器 IP 地址中的第 4 个八位字节
IP_PORT	Input	UINT	服务器上使用 TCP/IP 协议与客户端建立连接和通信的 IP 端口号(默认值:502)
MB_MODE	Input	USINT	选择请求模式(读取、写入或诊断)
MB_DATA_ADDR	Input	UDINT	由"MB_CLIENT"指令所访问数据的起始地址
DATA_LEN	Input	UINT	数据长度:数据访问的位数或字数(请参见"MB_MODE 和 MB_DATA_ADDR 参数")
MB_DATA_PTR	InOut	VARIANT	指向 Modbus 数据寄存器的指针:寄存器是用于缓存从 Modbus 服务器接收的数据或将发送到 Modbus 服务器的数据的缓冲区。指针必须引用具有标准访问权限的全局数据块。寻址到的位数必须可被 8 除尽
DONE	Out	BOOL	只要最后一个作业成功完成,立即将输出参数 DONE 的位置位为"1"
BUSY	Out	BOOL	0:当前没有正在处理的"MB_CLIENT"的作业;1:"MB_CLIENT"作业正在处理中
ERROR	Out	BOOL	0:无错误;1:出错。出错原因由参数 STATUS 指示
STATUS	Out	WORD	指令的错误代码

(2) 根据工业机器人与 PLC 的信号交互表,新建一个数据块,双击左侧"添加新块",选择"数据块 DB","编号"选择"手动",填 101,点击"确认"按钮。右键单击新创建的数据块,在弹出的快捷菜单中选择"属性"选项,取消勾选优化的块访问,这样就可以进行绝对寻址了。然后根据工业机器人与 PLC 的信号表,完整无误的添加整个信号表。点击"编译一下",就会出现一个偏移量,如图 6-19 所示。

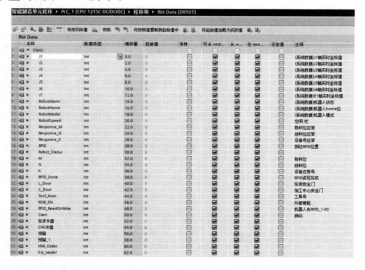

图 6-19　新建数据块

（3）最后把软件中的程序下载到 PLC 硬件中。点击上方工具栏的"下载"按钮，设定好 PG/PC 接口，点击"开始搜索"，选中搜索到的设备，点击"下载"按钮即可，如图 6-20 所示。

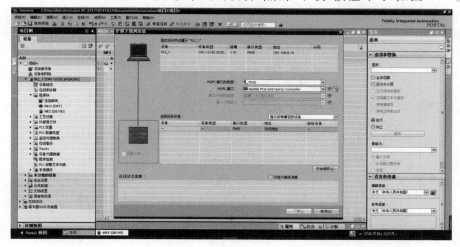

图 6-20　下载程序到 PLC 中

考核评价

任务二评价表

基本素养（30 分）				
序号	评价内容	自评	互评	师评
1	纪律（无迟到、早退、旷课）（10 分）			
2	安全规范操作（10 分）			
3	参与度、团队协作能力、沟通交流能力（10 分）			
知识技能（70 分）				
序号	评价内容	自评	互评	师评
1	通信方式选用（10 分）			
2	正确按要求完成工业机器人侧通信配置（30 分）			
3	正确按要求完成 PLC 侧通信配置（30 分）			
综合评价				

任务三　智能产线单元工艺流程及工业机器人程序编写与调试

工作任务

根据智能制造单元生产运行的节拍与流程要求，编写工业机器人运行程序并调试。

理论知识

一、智能产线运行流程图分析

智能产线运行流程图如图 6-21 所示。

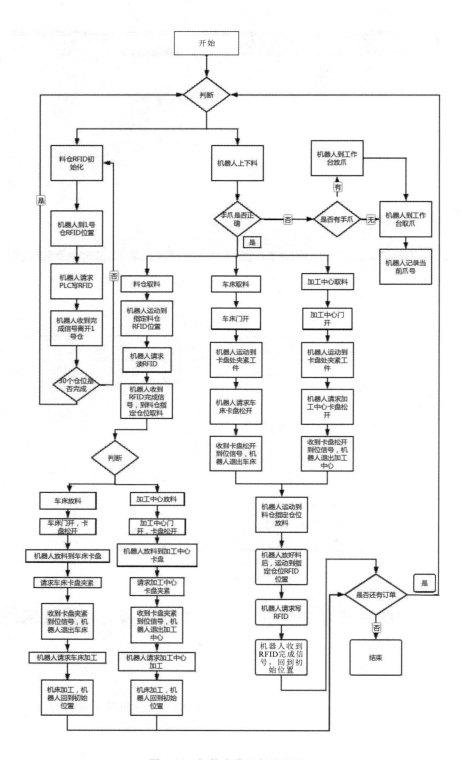

图 6-21　智能产线运行流程图

二、机器人工作流程节拍要求及编程调试要求

加工一个工件时,机器人的工作流程及节拍如下。

1.机器人取立体仓库毛坯

合理使用机器人末端夹爪,从数字化立体料仓将毛坯取出。

① 根据总控系统发出的指令,机器人取对应种类工件的夹爪。

② 机器人取夹爪完成后,运动到指定仓位 RFID 位置请求读 RFID。

③ 机器人取工件前需等待 RFID 完成信号。

④ 机器人取料时,需由垂直方向进行。

⑤ 合理控制机器人运行速度。

2.机器人放料至数控车床

合理使用机器人末端夹爪,将机器人手爪上生料搬运至数控车床的自动卡盘处。

① 等待数控车床安全门开和卡盘松开到位信号发出后,机器人带料移至数控车床前。

② 机器人放好工件应发出数控车床自动卡盘的松紧命令,且需检测数控车床发送的卡盘松紧到位信号。

③ 机器人放料完成后,需给数控车床发出完成命令并请求机床加工。

④ 机器人放料时,需由垂直方向进行。

⑤ 合理控制机器人运行速度。

3.机器人取已加工料(熟料)

合理使用机器人末端夹爪,将已加工料从数控车床的自动卡盘处取出。

① 等待数控车床安全门开和卡盘松开到位信号发出后,机器人移至数控车床前。

② 机器人应发出数控车床自动卡盘的松紧命令,且需检测数控车床发送的卡盘松紧到位信号。

③ 机器人取料时,需由垂直方向进行。

④ 合理控制机器人运行速度。

4.入库

合理使用机器人末端夹爪,将带有已加工工件的料盘搬运至数字化立体料仓对应的位置。

① 机器人放好工件后向总控系统发出完成信号并运动到 RFID 位置,请求 RFID 写熟料。

② 机器人需等待 RFID 熟料写完成信号后放夹爪。

③ 机器人放料时,需由垂直方向进行。

④ 合理控制机器人运行速度。

5.结束本次搬运循环

根据上述机器人工作流程及节拍要求,完成机器人程序编制与调试,实现试加工件、成品加工件两个工件的完整加工工艺流程。

任务实践

根据机器人运行节拍,编写及调试机器人程序,以满足智能制造加工需求,以下为机器人自动完成一个工件的上下料的程序。

主程序

```
LB L[1]                                                    '跳转标志
WAIT TIME =  100                                           '延时 100 ms
R[11] =  0                                                 '变量清零
R[12] =  0
R[13] =  0
R[14] =  0
R[24] =  0
IF R[15]= 0 AND R[16]= 0 AND R[17]= 0 ,GOTO LBL[1]        '没有指令跳转第 1 行
R[11] =  R[15]                                             '变量赋值
R[12] =  R[16]
R[13] =  R[17]
IF R[11]< > 0 AND R[13]< > 0 AND R[12]= 0 ,CALL "A.PRG"   '调用料仓取料程序
IF R[13]= 1 AND R[11]= 0 AND R[12]< > 0 ,CALL "B.PRG"     '调用车床取料程序
GOTO LBL[1]                                                '跳转第 1 行
```

料仓取料程序(A.PRG)

```
CALL "E.PRG"                                               '调用取爪子程序
R[62]= R[11]                                               '根据取料号计算出行列号
R[39]= R[62]- 1
R[39]= R[39] MOD 6
R[40]= R[62]- 1
R[40]= R[40] DIV 6
R[42] =  R[40]
CALL "DURFID.PRG"                                          '调用读 RFID 程序
LR[213]= LR[104]- LR[103]                                  '计算 1、2 层列距
LR[213]= LR[213]/5
LR[214]= LR[105]- LR[103]                                  '计算 1、2 层行距
LR[214]= LR[214]/1
LR[215]= LR[107]- LR[106]                                  '计算 3、4 层列距
LR[215] =  LR[215]/5
LR[216]= LR[108]- LR[106]                                  '计算 3、4 层行距
LR[216] =  LR[216]/1
IF R[11]> 0 AND R[11]< 13 THEN                             '1、2 层小圆精确点
LR[53] =  LR[103]+ R[39]* LR[213]+ R[40]* LR[214]
END IF
IF R[11]> 12 AND R[11]< 25 THEN                            '3、4 层大圆精确点
R[40] =  R[40]- 2
LR[53] =  LR[106]+ R[39]* LR[215]+ R[40]* LR[216]
END IF
J JR[102]                                                  '运动过渡点
J LR[53]+ LR[2] VEL= 200
L LR[53]+ LR[3] VEL= 100
L LR[53] VEL= 50                                           '精确点
DO[3] =  OFF                                               '机器人夹具夹紧
```

```
DO[4] =  ON
WAIT TIME =  1000                              '延时 1 s
L LR[53]+ LR[4] VEL= 100                        '运动过渡点
L LR[53]+ LR[5] VEL= 100
J JR[102]
J JR[1]
CALL "B1.PRG"                                   '调用车床放料程序
```
车床放料程序(B1.PRG)
```
J JR[103]
IF R[11]> 12 AND R[11]< 25 THEN                 '大圆取料精确点
LR[71] =  LR[32]
END IF
IF R[11]> 0 AND R[11]< 13 THEN                  '小圆取料精确点
LR[71] =  LR[33]
END IF
WAIT R[19] =  0                                 '等待车床门开到位
WAIT R[26] =  0                                 '等待车床卡盘开到位
J JR[6]                                         '运动过渡点
J JR[5]
L LR[71]+ LR[8] VEL= 100
L LR[71] VEL= 50                                '放料精确点
R[24] =  4                                      '请求车床卡盘夹紧
WAIT TIME =  1000
WAIT R[26]=  1                                  '等待车床卡盘夹紧到位
DO[3] =  ON                                     '机器人夹具松开
DO[4] =  OFF
WAIT TIME =  1000
L LR[71]+ LR[8] VEL= 100                        '运动过渡点
J JR[5]
J JR[6]
J JR[103]
R[24] =  11                                     '车床上料完成信号
WAIT TIME =  1000
R[24] =  7                                      '请求机床加工
WAIT R[19] =  1                                 '等待车床门关
R[24]= 0
J JR[1]
```
车床取料程序(B.PRG)
```
J JR[103]
IF R[11]> 12 AND R[11]< 25 THEN                 '大圆放料精确点
LR[71] =  LR[32]
LR[72] =  LR[13]
END IF
IF R[11]> 0 AND R[11]< 13 THEN                  '小圆放料精确点
```

```
LR[71] =  LR[33]
LR[72] =  LR[14]
END IF
WAIT R[19] =  0                        '等待车床门开到位
J JR[6]                                '运动过渡点
J JR[5]
L LR[71]+ LR[8] VEL= 100
L LR[71]+ LR[72] VEL= 50               '车床取料精确点
DO[3] =  OFF                           '机器人夹具夹紧
DO[4] =  ON
WAIT TIME =  1000
R[24] =  3                             '请求车床卡盘松开
WAIT TIME =  500
WAIT R[26]=  0                         '等待车床卡盘松开到位
L LR[71]+ LR[8] VEL= 100               '运动过渡点
J JR[5]
J JR[6]
J JR[103]
R[24] =  12                            '车床取料完成信号
WAIT TIME =  1000
R[24] =  0
CALL "D.PRG"                           '调用料仓放料程序
```

料仓放料程序(D.PRG)

```
R[62]= R[12]                           '根据放料号计算出行列号
R[39]= R[62]- 1
R[39]= R[39] MOD 6
R[40]= R[62]- 1
R[40]= R[40] DIV 6
R[42] =  R[40]
LR[213]= LR[104]- LR[103]              '计算1、2层列距
LR[213]= LR[213]/5
LR[214]= LR[105]- LR[103]              '计算1、2层行距
LR[214]= LR[214]/1
LR[215]= LR[107]- LR[106]              '计算3、4层列距
LR[215] =  LR[215]/5
LR[216]= LR[108]- LR[106]              '计算3、4层行距
LR[216] =  LR[216]/1
IF R[11]> 0 AND R[11]< 13 THEN         '1、2层小圆精确点
LR[53] =  LR[103]+ R[39]* LR[213]+ R[40]* LR[214]
END IF
IF R[11]> 12 AND R[11]< 25 THEN        '3、4层大圆精确点
R[40] =  R[40]- 2
LR[53] =  LR[111]+ R[39]* LR[215]+ R[40]* LR[216]
END IF
```

```
        J JR[102]                                '运动过渡点
        J LR[53]+ LR[5] VEL= 200
        L LR[53]+ LR[4] VEL= 100
        L LR[53]+ LR[6] VEL= 50                  '料仓放料精确点
        DO[3] = ON                               '机器人夹具松开
        DO[4] = OFF
        L LR[53]+ LR[3] VEL= 100                 '运动过渡点
        L LR[53]+ LR[2] VEL= 100
        J JR[102]
        J JR[1]
        R[24]= 15                                '料仓放料完成信号
        WAIT TIME =  1000
        R[24]=  0
        CALL "XIERFID.PRG"                       '调用写 RFID 程序
取夹具程序(E.PRG)
        IF R[21]= 1 THEN                         '3、4 层大圆取放爪精确点
        LR[40] = LR[31]
        END IF
        IF R[21]= 3 THEN                         '1、2 层小圆取放爪精确点
        LR[40] = LR[29]
        END IF
        DO[1]= ON                                '取爪准备
        DO[2]= OFF
        DO[3] = OFF
        DO[4] = ON
        WAIT TIME =  1000
        J JR[12]                                 '运动过渡点
        J LR[40]+ LR[10] VEL= 100
        J LR[40] VEL= 50                         '取放爪精确点
        DO[1]= OFF                               '取爪信号
        DO[2]= ON
        WAIT TIME =  1000
        L LR[40]+ LR[18] VEL= 50                 '运动过渡点
        L LR[40]+ LR[19] VEL= 50
        L LR[40]+ LR[20] VEL= 100
        J JR[12]
        J JR[1]
        DO[3] = ON                               '机器人手爪松开
        DO[4] = OFF
        R[10] = R[21]
放夹具程序(E1.PRG)
        IF R[21]= 1 THEN                         '3、4 层大圆取放爪精确点
        LR[40] = LR[31]
        END IF
```

```
    IF R[21]= 3 THEN                                       '1、2层小圆取放爪精确点
    LR[40] =  LR[29]
    END IF
    J JR[12]                                               '运动过渡点
    J LR[40]+ LR[20] VEL= 100
    J LR[40]+ LR[19] VEL= 100
    J LR[40]+ LR[18] VEL= 50
    L LR[40] VEL= 50
    DO[1]= ON                                              '放爪信号
    DO[2]= OFF
    WAIT TIME =  1000
    J LR[40]+ LR[10] VEL= 50                               '运动过渡点
    J JR[12]
    J JR[1]
    R[10] =  0
```
读 RFID 程序(DURFID.PRG)
```
    J JR[107]
    J JR[3]
    LR[211]= LR[101]- LR[100]                              '计算 RFID 列距
    LR[211]= LR[211]/5
    LR[212]= LR[102]- LR[100]                              '计算 RFID 行距
    LR[212]= LR[212]/2
    R[41]= R[11]                                           '计算读 RFID 行列号
    R[62]= R[41]
    R[39]= R[62]- 1
    R[39]= R[39] MOD 6
    R[40]= R[62]- 1
    R[40]= R[40] DIV 6
    LR[60] =  LR[100]+ R[39]* LR[211]+ R[40]* LR[212]      '读 RFID 精确点
    L LR[60]+ LR[1] VEL= 200
    L LR[60] VEL= 50
    R[14] =  R[41]                                         '读 RFID 信号
    R[24]= 1
    WAIT R[18] =  1                                        '等待 RFID 读完成信号
    WAIT TIME =  500
    R[14] =  0
    R[24]= 0
    L LR[60]+ LR[1] VEL= 200
    J JR[3]
    J JR[107]
    J JR[1]
```
写 RFID 程序(XIERFID.PRG)
```
    J JR[107]
    J JR[3]
    LR[211]= LR[101]- LR[100]                              '计算 RFID 列距
```

```
LR[211]= LR[211]/5
LR[212]= LR[102]- LR[100]                    '计算 RFID 行距
LR[212]= LR[212]/2
R[41]= R[12]                                 '计算写 RFID 行列号
R[62]= R[41]
R[39]= R[62]- 1
R[39]= R[39] MOD 6
R[40]= R[62]- 1
R[40]= R[40] DIV 6
LR[60] =  LR[100]+ R[39]* LR[211]+ R[40]* LR[212]   '写 RFID 精确点
L LR[60]+ LR[1] VEL= 200
L LR[60] VEL= 50
R[14] =  R[41]                               '写 RFID 信号
R[24]= 2
WAIT R[18] =  1                              '等待写 RFID 完成信号
WAIT TIME =  500
R[14] =  0
R[24]= 0
L LR[60]+ LR[1] VEL= 200
J JR[3]
J JR[107]
J JR[1]
CALL "E1.PRG"                                '调用放爪程序
```

考核评价

任务三评价表

基本素养(30 分)				
序号	评价内容	自评	互评	师评
1	纪律(无迟到、早退、旷课)(10 分)			
2	安全规范操作(10 分)			
3	参与度、团队协作能力、沟通交流能力(10 分)			
知识技能(70 分)				
序号	评价内容	自评	互评	师评
1	工业机器人主程序的编制与调试(10 分)			
2	工业机器人取放手爪程序的编制与调试(10 分)			
3	工业机器人料仓取料程序的编制与调试(10 分)			
4	工业机器人上料程序的编制与调试(10 分)			
5	工业机器人下料程序的编制与调试(10 分)			
6	工业机器人料仓放料程序的编制与调试(10 分)			
7	工业机器人对 RFID 电子标签读写程序的编制与调试(10 分)			
综合评价				

项目七　InteRobot 机器人离线编程

【项目介绍】

InteRobot2020 以 VS 2017 作为开发环境,自主开发三维平台,实现软件的控制层、算法层和视图层的分离,满足开放式、模块化、可扩展的要求,可以完成机器人的加工路径规划、动画仿真、干涉检查、姿态优化、轨迹优化、后置代码、理实一体化。InteRobot2020 提供两种加工模式与四种操作类型。加工模式包括手拿工具、手拿工件;操作类型包括示教操作、离线操作、码垛操作、代码操作。机器人库、变位机库可扩展任意型号的机器人和变位机,加工场景自由导入,强大的曲面曲线离散功能实现加工轨迹的自由定制,可根据用户的特殊需求进行开发和改进,实现特殊用途。InteRobot 机器人广泛应用于打磨、雕刻、激光焊接、数控加工等领域。

【教学目标】
- 掌握工业机器人离线编程工作站的搭建方法;
- 掌握工业机器人离线轨迹的生成仿真及优化方法。

【技能要求】
- 能正确导入机器人、工具、工件等模型;
- 能正确创建机器人离线工作站;
- 能正确生成机器人离线轨迹并导入机器人进行实际生产运行。

任务一　InteRobot 离线编程软件安装

工作任务

正确安装机器人离线编程软件。

理论知识

根据机器人离线编程软件应用环境的需求来选择合适的硬件配置,如 CPU 的指标、内存及磁盘的容量等,下面给出安装该软件所需的基本硬件配置:

CPU　Intel i5 或同类性能以上处理器;

内存　4G 以上;

显卡　1G 以上独立显卡;

硬盘　500G 以上。

InteRobot2020 要求的运行系统为 Windows 7 或以上。

任务实践

一、软件安装

机器人离线编程软件一键式安装非常方便，双击"InteRobot2020Setup. exe"安装文件，进入 InteRobot2020 安装向导界面，直接点击"下一步"即可进入到"安装目录"设置界面，用户可以选择该软件的安装位置，如图 7-1 所示。设置好安装目录后，直接点击"下一步"。注意，安装目录必须是英文目录。

图 7-1　安装向导

由于电脑配置不同，安装过程等待的时间也会不同，但是通常几分钟就可安装完成。安装完成后，软件界面即显示"安装完成"，点击"关闭"即可完成安装过程。如图 7-2 所示为安装过程。

安装完成后，桌面有 InteRobot2020 的快捷启动图标（见图 7-3），开始菜单中有 InteRobot2020 的启动项。

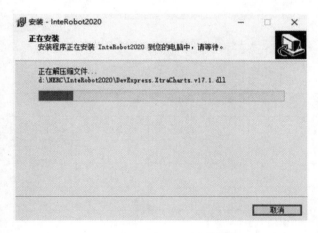

图 7-2　InteRobo2020 安装界面　　　　图 7-3　InteRobot 的桌面快捷启动图标

二、软件启动

双击 InteRobot 的快捷启动图标或者单击开始菜单中的 InteRobot 启动项即可启动 InteRobot 软件。弹出如图 7-4 提示"没有发现加密狗，请确认或与管理员联系！"此时需要将购买软件时自带的加密狗插入计算机的 USB 接口，即可顺利打开软件。

运行 InteRobot2020 后进入初始界面，此时的软件是空白界面，需要点击左上角"新建"之后才能对软件进行操作。新建文件后系统默认进入机器人模块，出现机器人离线编程的快捷菜单栏与左边的导航树，如图 7-5 所示。

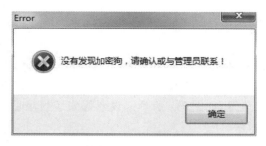

图 7-4   未插入加密狗情况下打开软件界面

图 7-5   机器人离线编程新建后

考核评价

任务一评价表

基本素养（30 分）			
序号	评价内容	自评	互评	师评
1	纪律（无迟到、早退、旷课）（10 分）			
2	安全规范操作（10 分）			
3	参与度、团队协作能力、沟通交流能力（10 分）			
理论知识（50 分）			
序号	评价内容	自评	互评	师评
1	离线编程软件安装方法（25 分）			
2	离线编程软件启动及工作站新建方法（25 分）			
技能操作（20 分）			
序号	评价内容	自评	互评	师评
1	正确安装软件（20 分）			
综合评价			

任务二　InteRobot 离线编程软件各功能模块介绍

工作任务

软件界面由主界面、二级界面和三级界面组成,二级界面和三级界面都是以弹出窗体的形式出现。通过本任务的学习,熟悉离线编程软件各功能模块的功能及设置方法。

理论知识

一、主界面认知

主界面由五部分组成,包括位于界面最上端的工具栏、位于工具栏下方的菜单栏、位于界面左边的导航树、位于界面最右边的机器人属性栏和机器人控制器栏、位于界面中部的视图窗口,如图 7-6 所示。

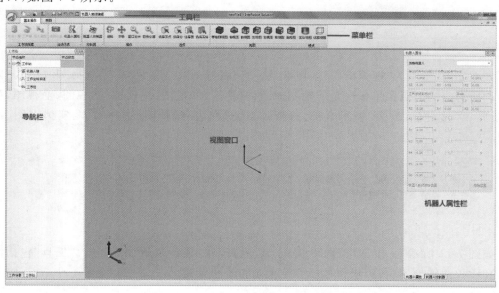

图 7-6　机器人离线编程主界面

1. InteRobot 按钮

InteRobot 按钮如图 7-7 所示,从上到下依次是新建、打开、关于、复位导航面板、另存为、退出。

2. 工具栏

工具栏如图 7-8 所示,从左到右依次是新建、打开、视图、皮肤切换、保存、另存为、撤销、重做、模块图标、模块切换下拉框。

3. 菜单栏

菜单栏包括"基本操作""视图操作"与"工具箱"三个选项卡。

如图 7-9 所示为"基本操作"选项卡,从左到右分为"工作站搭建"和"属性面板"两个部分,是机器人离线编程的主要菜单。"工作站搭建"部分的功能依次是机器人库、工具库、变位机库、导入模型。"属性面板"部分包括机器人、变位机、控制器、数据采集和控制器配置,点击相应的菜单图标可以调出对应的二级菜单界面。

图 7-7　InteRobot 按钮面板　　　　　　　图 7-8　工具栏

图 7-9　"基本操作"选项卡

　　如图 7-10 所示为"视图操作"选项卡,从左到右分为"视图""操作""选择"和"模式"四个部分。所对应的二级菜单依次是等轴测视图、俯视图、仰视图、左视图、右视图、前视图、后视图、旋转、平移、窗口放大、显示全部、选择顶点、选择边、选择面、选择实体、实体视图、线框视图。

图 7-10　"视图操作"选项卡

　　如图 7-11 所示为"工具箱"选项卡,分为"工具"和"视频录制"两部分。"工具"包括测量工具和欧拉角转换器,视频操作包括开始录制和停止录制。

图 7-11　"工具箱"选项卡

4.机器人属性栏

　　机器人属性栏主要作用是对机器人进行仿真控制,控制机器人的姿态,让机器人按照用户的预期运动,或者是运动到用户指定的位置上。机器人属性栏包括五部分:机器人选择部分、基坐标系相对于世界坐标系部分、机器人工具坐标系虚轴控制部分、机器人实轴控制部分、机器人回归初始位置控制部分,如图 7-12 所示。

图 7-12　机器人属性栏

二、机器人界面

点击导航树部分的"机器人组"节点，选中该节点，"机器人库"图标就会变为可用状态，如图 7-13 所示。点击"机器人库"图标，会弹出"机器人库"主界面。

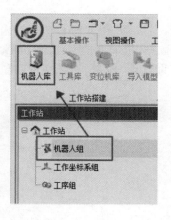

图 7-13　调出机器人库主界面

1."机器人库"主界面

InteRobot2020 提供机器人库的相关操作，包括各种型号机器人的新建、编辑、存储、导入、预览、删除等功能，实现对机器人库的管理，方便用户随时调用所需的机器人。如图 7-14 所示为"机器人库"主界面，提供机器人基本参数的显示、机器人品牌选择、机器人轴数选择、自定义机器人、导入/导出机器人文件、属性编辑、删除和机器人预览和导入视图添加节点等功能。

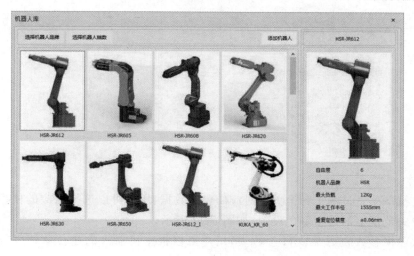

图 7-14　"机器人库"主界面

2.机器人编辑界面

在"机器人库"主界面上,选择机器人,然后右键选择点击"属性"选项,如图 7-15,软件进入选中机器人的编辑界面。在编辑界面能够修改机器人库中的机器人参数。

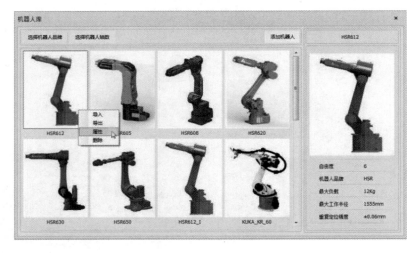

图 7-15　机器人编辑界面

如图 7-16 所示,"机器人参数"包括六个部分:机器人名、机器人总体预览、机器人基本数据、机器人模型信息、机器人建模参数和机器人运动参数。机器人基本数据中包括机器人的类型、轴数、图形文件的位置等信息。

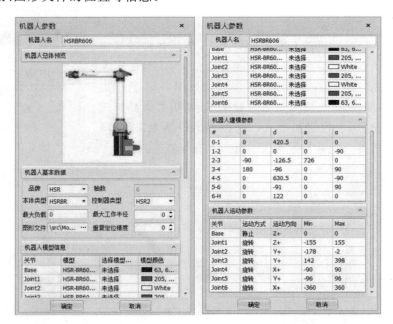

图 7-16　机器人参数设置

机器人模型信息显示了各个关节对应的模型数据,用户可以选择对应的模型文件,并设置导入对应关节模型的模型颜色设置,如图 7-17 所示。

机器人建模参数表则为 D-H 参数表,用户可以根据机器人的建模参数进行填写,如图 7-18 所示。

机器人运动参数显示了各个轴的运动方式、运动方向、最小限位、最大限位和初始位置等信息,用户可以根据实际情况进行相应的修改,如图 7-19 所示。

机器人模型信息			∧
关节	模型	选择模型...	模型颜色
Base	HSR-BR60...	未选择	63, 6...
Joint1	HSR-BR60...	未选择	205, ...
Joint2	HSR-BR60...	未选择	White
Joint3	HSR-BR60...	未选择	205, ...
Joint4	HSR-BR60...	未选择	White
Joint5	HSR-BR60...	未选择	205, ...
Joint6	HSR-BR60...	未选择	63, 6...

图 7-17　关节模型信

机器人STD_DH参数				∧
#	θ	d	a	α
0-1	0.000	420.500	0.000	0.000
1-2	0.000	0.000	0.000	-90.000
2-3	-90.000	-126.500	726.000	0.000
3-4	-180.000	-96.000	0.000	90.000
4-5	0.000	630.500	0.000	-90.000
5-6	0.000	-91.000	0.000	90.000
6-H	0.000	122.000	0.000	0.000

图 7-18　机器人建模参数

机器人运动参数				∧
关节	运动方式	Min	Init	Max
Base	静止	0	0	0
Joint1	旋转	-155	0	155
Joint2	旋转	-178	-90	-2
Joint3	旋转	142	180	398
Joint4	旋转	-90	0	90
Joint5	旋转	-96	0	96
Joint6	旋转	-360	0	360

图 7-19　运动参数

3. 机器人新建界面

在"机器人库"主界面的"添加机器人"选项中选择"自定义机器人",如图 7-20 所示,软件弹出新建机器人的界面。

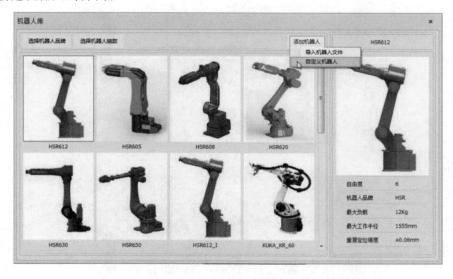

图 7-20　自定义机器人

新建界面与编辑界面的界面功能类似,不同的是弹出的参数都是没有经过设置的空白参数或是默认参数,需要用户根据需要新建的机器人的基本信息,将参数设置完整。如图 7-21 所示为新建机器人的参数设置界面。

4. 导入/导出机器人界面

在"机器人库"主界面右键点击要选择的机器人,在弹出的快捷菜单中选择"导出"选项,如图 7-22 所示,则可导出对应机器人的信息文件。

图 7-21 自定义机器人的参数设置界面

导出的机器人文件后缀名为.incRob,导出的机器人文件可在另外未含该机器人的文件中导入,在添加机器人中选择导入机器人文件按钮则可导入对应的机器人文件,如图 7-22 所示。

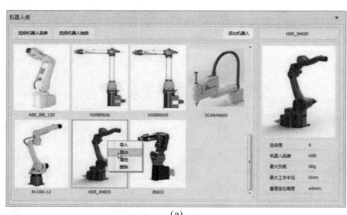

(a)

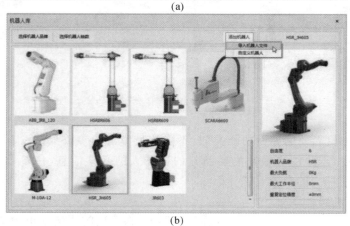

(b)

图 7-22 机器人文件导入界面

5.属性界面

导入机器人后,在机器人组节点下生成了对应的机器人节点。右键点击该机器人节点,选择属性选项,弹出机器人属性界面。如图 7-23 所示,机器人属性界面与编辑机器人的界面基本一致,不同的是机器人属性界面只能修改节点上的机器人参数,不能修改机器人库的对应机器人参数。

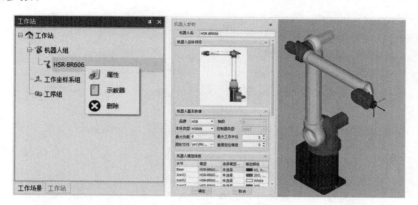

图 7-23　机器人属性界面

三、工具界面

点击"机器人组"下的机器人节点,"工具库"菜单变为可用状态。点击"工具库"图标后会弹出工具库主界面,如图 7-24 所示。

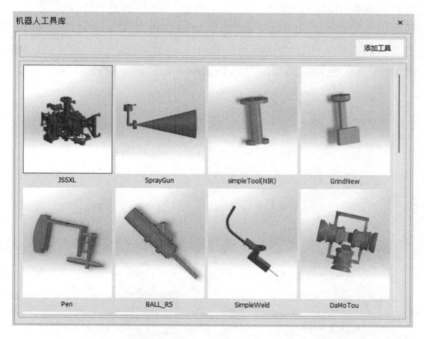

图 7-24　工具库主界面

1.工具库主界面

InteRobot2020 提供工具库管理的相关操作,包括各种型号工具的新建、编辑、存储、导入工具、导入/导出工具文件、预览、删除等功能,方便用户随时调用所需的工具。

2. 编辑界面

在"工具库"主界面上选择所需编辑的工具,在弹出的快捷菜单中选择"编辑"选项,如图 7-25 所示,软件进入选中工具的属性界面。

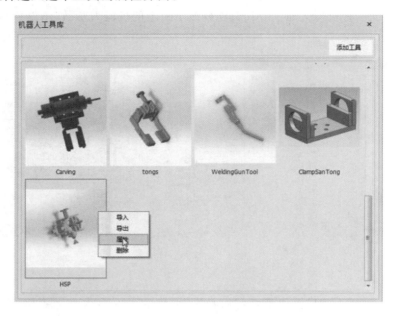

图 7-25　工具属性

"工具属性"包括四个部分:"工具名""工具预览""TCP 设置""工具定义"。"TCP 设置"部分有姿态类型以及 TCP 编号两部分,姿态类型根据机器人型号对应设置姿态类型,TCP 编号则是对工具坐标系相对于法兰坐标系的位置与姿态参数进行设置。"工具定义"部分可以导入工件模型、工具颜色自定义与工具的预览图片。如图 7-26 所示。

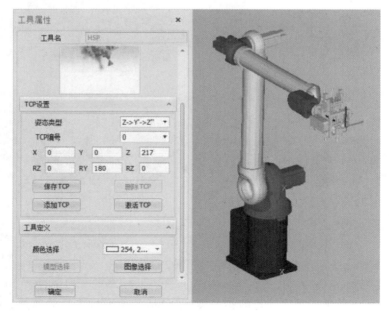

图 7-26　TCP 位置和 TCP 姿态

如图 7-27 所示，点击"添加 TCP"按钮可创建新的工具 TCP，保存激活后即可用于离线仿真；在" TCP 编号"后的文本框中，选择不同的 TCP 后，点击"激活 TCP"；点击操作节点，生成路径，即可切换至选中的 TCP 进行离线仿真。

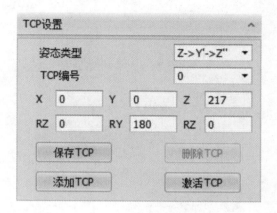

图 7-27　TCP 设置

3.新建界面

如图 7-28 所示，在工具库主界面上的"添加工具"下拉菜单中选择"自定义工具"选项，弹出新建工具的界面。

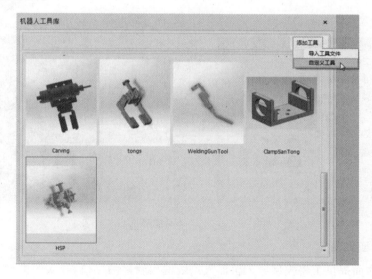

图 7-28　新建工具界面

新建界面与工具属性界面的界面功能大致相同，不同是弹出的参数都是没有经过设置的空白参数或是默认参数，需要用户根据需要新建的工具的基本信息，将参数设置完整。如图 7-29 所示为新建工具界面。

4.属性界面

导入工具后，在机器人节点下生成了所选的工具节点。右键点击工具节点，选择"属性"选项，弹出"工具属性"界面，如图 7-30 所示，"工具属性"界面与编辑工具的界面基本一致，不同的是"工具属性"界面只能修改节点上的工具参数，不能修改工具库的对应工具参数。

图 7-29　新建工具界面

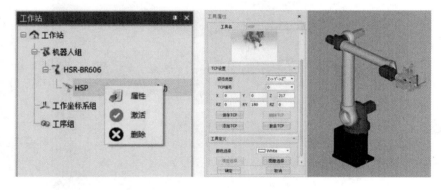

图 7-30　工具属性界面

四、导入模型界面

导入模型界面提供了将模型导入机器人离线编程软件的接口,导入的模型可以是工件、机床以及其他加工场景中用到的模型文件,支持多种模型格式,包括 STP、STL、STEP、IGS。点击工作场景节点下的工件组,工作站搭建板块的导入模型功能即可被激活,点击即可进入导入模型界面;亦可右键点击工件组,进入该界面;模型导入后,可右键点击导入的工件节点,点击姿态调整,对工件的位置参数进行修改。如图 7-31 所示为导入模型界面,界面提供了模型名称命名功能、设置模型位置坐标与姿态功能、设置模型颜色功能,以及选择模型文件的功能。

五、工作坐标系界面

1. 添加工作坐标系界面

右键单击"工作坐标系组"节点,选择"添加工作坐标系"选项,如图 7-32 所示,弹出添加工作坐标系界面。

图 7-31 导入模型界面

　如图 7-33 所示,界面中主要包括当前机器人选择、坐标系的位置和姿态设置。用户可以通过点击上方的选择坐标系原点按钮在视图窗口中选取相应的点,也可以通过编辑框直接设置坐标系原点的位置。坐标系的姿态是通过设置编辑框中的参数实现的,默认情况下是与基坐标的方向一致。界面也可以进行坐标系名称设置。

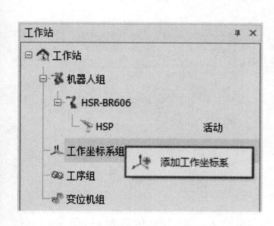

图 7-32 添加工作坐标系

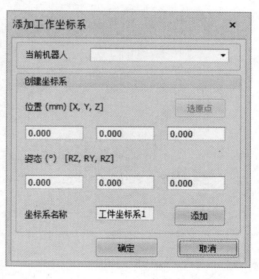

图 7-33 添加工作坐标系界面

2.工件坐标系属性

右键点击工作坐标系节点,选择"属性"选项,弹出"工件坐标系属性"界面,界面中可修改坐标系的位置、姿态和名称,如图 7-34 所示。

六、"创建操作"界面

在"创建操作"界面中可对操作类型、加工模式、机器人、工具、工件和操作名称进行设置。如图 7-35 所示,软件提供了三种操作类型:示教操作、离线操作和码垛操作。加工模式

图 7-34　工件坐标系属性界面

分为手拿工具和手拿工件两种。机器人、工具和工件从已有的节点中进行选择。

1. 示教操作相关界面

1）"编辑操作"界面

如图 7-36 所示是"编辑操作"界面，需要对已经创建好的操作进行修改时可以打开"编辑操作"界面，重新设置操作的机器人、工具、工件及操作名称。注意，示教操作只能创建手拿工具的加工模式。

图 7-35　"创建操作"界面

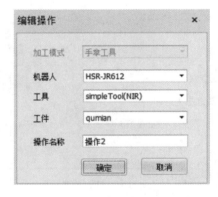

图 7-36　"编辑操作"界面

2）"编辑点"界面

编辑点有示教路径点和 Omp…计算两种方式，两种方式的主要用途相同，但是根据操作属性的不同有所区别。如图 7-37 所示为示教路径点方式的"编辑点"界面。"示教路径点"选项卡包括编号、添加和删除、批量调节等功能。"添加和删除"菜单包括添加点、删除点、删除所有、属性设置、机器人随动等功能。"批量调节"中可以设置起止点的编号，并批量设置编号内所有点的运行方式、CNT、延时和速度。

3）"运动仿真"界面

"运动仿真"界面主要是对用户选择的路径进行仿真验证，如图 7-38 所示。界面主要分为 4 部分：坐标系切换、仿真路径所包含的点参数列表、IPC 控制器连接、仿真控制。坐标系切换部分中有两个功能：基于坐标系功能表示点位信息在世界坐标系上不变，切换点在不同坐标系中的表示方法；切换工作坐标系功能表示保持点在坐标系中的相对位置不变，变化点在世界坐标系中的位姿。IPC 控制器连接部分，勾选 IPC 插补，将控制器与电脑连接好后，点击加载程序到 IPC 按钮，可将仿真中的点位信息的程序上传到控制器，此时点击"仿真"按钮则加工现场机器人根据程序运动。仿真控制包括仿真速度控制进度条、中间控制按钮和仿真次数设置。中间控制按钮包括复位、暂停、快退、播放、快进，下方是仿真进度控制条，"仿真次数"设置循环播放仿真的次数。

图 7-37　示教编辑点

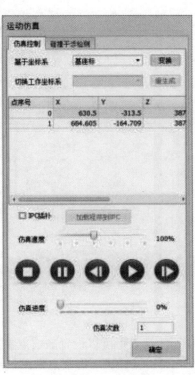

图 7-38　运动仿真界面

4)"代码输出"界面

如图 7-39 所示为"代码输出"界面，包括"程序代码"与"输出类型设置"两个板块。"程序代码"板块中，路径列表显示当前所有操作的详细信息，用户可以选择输出所需操作的代码。"输出类型设置"中可实现控制代码类型选择、工件坐标系设置、输出代码路径选择。"控制代码类型"包括实轴和虚轴；"工件坐标系"中用户可以设置输出代码的信息基于的工作坐标系，不选择的时候表示基于机器人基坐标系；"输出代码路径"中用户选择代码保存的路径并命名，点击"输出控制代码"即可实现机器人控制代码的输出；点击"阅读控制代码"按钮，用户可以直接打开生成的代码，对代码进行浏览。

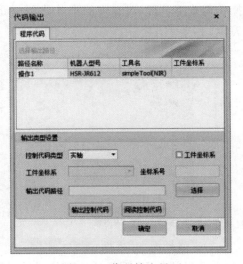

图 7-39　代码输出界面

2.离线操作相关界面

1)"编辑操作"界面

离线操作的"编辑操作"界面如图 7-40 所示,界面中包括操作名称、工具、工具的 TCP 编号、加工工件的选择、磨削点的设置、路径编辑、加工策略及后置处理等功能。

图 7-40　离线操作的"编辑操作"界面

在手拿工件模式下可以设置磨削点参数。点击磨削点后的"设置"按钮,弹出"磨削点定义"界面,如图 7-41 所示。"磨削点定义"包括"位置"和"姿态"两部分。

点击"进退刀点"后的"设置"按钮,弹出如图 7-42 所示的"进退刀设置"对话框。在离线操作模式下,可以对选中的操作进行进退刀的设置。设置内容包括偏移量、进刀点或是退刀点。

图 7-41　"磨削点定义"界面

图 7-42　"进退刀设置"界面

2)"路径添加"界面

"路径添加"界面包括三部分:路径名称,路径编程方式,路径的添加、可见或隐藏。其中路径编程方式有自动路径、手动路径、刀位文件三种,如图 7-43 所示。

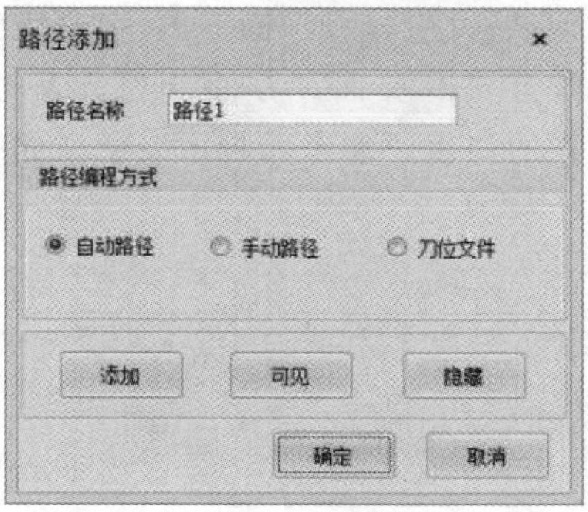

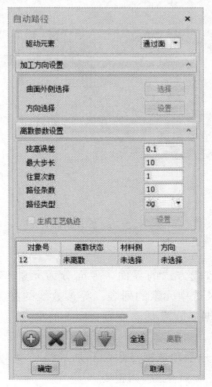

图 7-43　"路径添加"界面

(1)"自动路径"界面。

"自动路径"界面由四部分组成,包括驱动元素、加工方向设置、离散参数设置和自动路径列表。

驱动元素设置提供了"通过面"和"通过线"两种自动路径的生成方式。加工方向设置包括"曲面外侧选择"和"方向选择"。曲面外侧决定了生成点的主刀轴方向,方向选择决定了生成点方向。离散参数设置通过线提供弦高误差、最大步长的设置,如果选择"通过面"方式需要进行路径条数和路径类型设置。另外往复次数以及生成工艺轨迹则是两种驱动元素都可设置;自动路径列表显示了每条自动路径的对象号、离散状态、材料侧和方向信息,还提供了列表的基本操作新建、删除、上移、下移、全选等功能,如图 7-44 所示。

图 7-44　"自动路径"主界面

在自动路径界面中选择"通过线"的方式添加路径就会弹出"选取线元素"界面,该界面提供了三种选择线的方式,分别是直接选取、平面截取、等参数线。

如图 7-45 所示为直接选取方式的界面。界面分为元素产生方式的选取、参考面的选取、线元素的选取以及选中元素的列表。参考面表示线所在的平面,线元素指选择用户想要生成路径的线。

图 7-45 选取线元素之直接选取方式

如图 7-46 所示为平面截取方式的界面。界面分为元素产生方式的选取、参考面的选取、截平面通过点的选取、截面法向的选取以及选中元素的列表。参考面指的是被截取的平面。截平面的参数用户选取后还可以通过设置下拉框的数值进行调整。

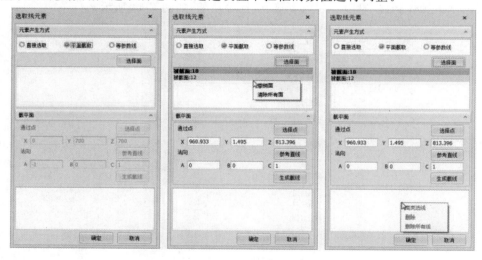

图 7-46 选取线元素之平面截取方式

如图 7-47 所示为等参数线方式的界面。界面分为元素产生方式的选取、参考面的选取、等参数线的选取参数以及选中元素的列表。等参数线的参考方向用户可以选择 U 向或者 V 向,参数值用户可以根据实际需要设置为 0 到 1 的参数。

(2)"手动路径"界面。

"手动路径"界面支持用户手动选择点添加到加工路径中。如图 7-48 所示,界面主要包括四部分:点列表、点击生成、参数生成、调整姿态。

点列表中显示了已经添加点的详细信息,包括 X、Y、Z 坐标等信息,并有列表的添加、删

图 7-47　选取线元素之等参数线

图 7-48　手动路径界面

除、上移、下移等基本操作。"点击生成"栏中提供了点、线、面三种参考元素。点表示鼠标直接选取视图中的点添加到路径中,线表示鼠标在线上选取一点添加到路径中,面表示鼠标在面上选取一点添加到路径中。

参数生成提供了两种参数生成方式,分别是线和面。线指的是通过设置线的 U 参数,在选取的线的对应参数处生成点并添加到加工路径中。面指的是通过设置面的 U、V 参数,在选取的面的对应参数处生成点并添加到加工路径中。

调整姿态提供了法向与切向的几种调整方式。法向可以调整至跟选择面的法向一致、跟选择直线的方向一致,或者直接选择反向。切向中可以任意调整切向的角度,也可以选择反向。

(3)"导入刀位文件"界面。

如图 7-49 所示,导入刀位文件界面提供了将外部刀位文件导入机器人离线编程软件的接口。用户只需选中要导入的刀位文件,就可以将刀位文件的数据导入进来,并且提供了预览功能,用户可以检查导入的刀位文件是否正确。界面中提供了选择刀位文件功能,工作坐标系设置、副法矢设置以及预览功能。

图 7-49　导入刀位文件界面

3)"编辑点"界面

如图 7-50 所示为离线操作下的"编辑点"对话框,包括点序号、添加和删除、调整点位姿和批量调节等功能。"添加和删除"栏包括点添加方式、删除方式、IO 属性设置、机器人随动等功能。调整点的位姿包括调整幅度、点的坐标 X、Y、Z,欧拉角 A、B、C。批量调节中可以设置起止点的编号,并批量设置编号内所有点的转角、压力值、运行方式、CNT、延时和速度。

图 7-50　离线编辑点

点击"属性"后的"设置"按钮,可以打开 IO 属性界面,界面中有 IO 属性的编辑框和属性设置在点之前还是点之后的设置勾选框,如图 7-51 所示。

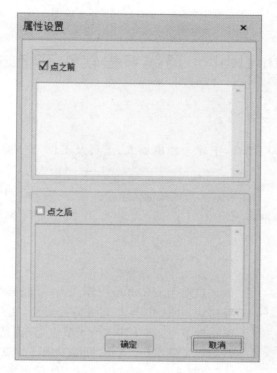

图 7-51　IO 属性设置界面

任务实践

按照上述知识准备内容,逐项进行软件的熟悉操作。

考核评价

任务二评价表

基本素养(30 分)				
序号	评价内容	自评	互评	师评
1	纪律(无迟到、早退、旷课)(10 分)			
2	安全规范操作(10 分)			
3	参与度、团队协作能力、沟通交流能力(10 分)			
理论知识(50 分)				
序号	评价内容	自评	互评	师评
1	离线编程软件界面分布(10 分)			
2	机器人库功能,新建及编辑方法(10 分)			
3	工具库功能,新建及编辑方法(10 分)			
4	模型库功能,新建及编辑方法(10 分)			
5	路径添加方法(10 分)			
综合评价				

任务三　InteRobot 离线编程软件工作站搭建方法

工作任务

根据机器人实际应用场合,正确选择机器人、工具及工件,完成机器人离线编程软件工作站的搭建。

理论知识

参考任务二的知识准备。

任务实践

一、导入机器人

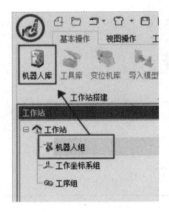

图 7-52　调出机器人库主界面

启动 InteRobot 机器人离线编程软件,选择机器人离线编程模块,进入机器人离线编程界面,工作站导航树上默认有工作站根节点,以及其三个子节点,分别是"机器人组""工作坐标系组""工序组"。点击"机器人组"节点,选中该节点,"机器人库"功能就会变为可用状态。然后点击菜单栏中的"机器人库"菜单,如图 7-52 所示。点击"机器人库"菜单后会弹出"机器人库"主界面。

弹出"机器人库"主界面后,界面列表中显示了所有在库的机器人参数,用户选择实际需要的机器人,在机器人预览窗口会显示相对应的机器人的图片,右键选择需要的机器人,在弹出的快捷菜单中选择"导入"选项,即可实现机器人的导入功能,如图 7-53 所示。

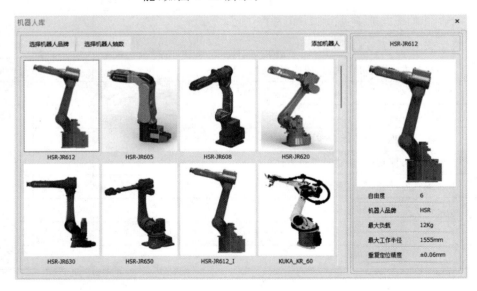

图 7-53　机器人导入操作

机器人导入完成后,视图窗口出现用户选中的机器人的模型,工作站导航树中在"机器人组"节点下创建了该选中机器人的节点,与用户选中的机器人名称一致,这样机器人的所有参数信息就导入当前工程文件中,如图 7-54 所示。

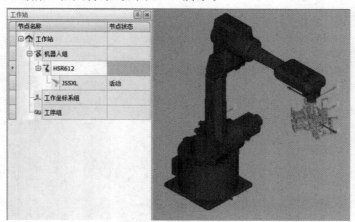

图 7-54　机器人导入完成后

二、导入工具

工具的导入跟机器人的导入类似,不同的是,工具导入前必须已经导入过机器人,工具是依附于机器人而存在的。在工作站导航树种,打开工具库操作,点击"机器人组"节点,"工具库"菜单就会变为可用状态,然后点击菜单栏中的"工具库"菜单,如图 7-55 所示。点击"工具库"菜单后会弹出工具库主界面。

如图 7-56 所示,工具库主界面列表中显示了所有在库的工具参数,用户选择实际需要的工具,在工具预览窗口会显示相对应的机器人的图片,点击"工具库"主界面下端的"导入"按钮,即可实现工具的导入。

图 7-55　调出工具库主界面

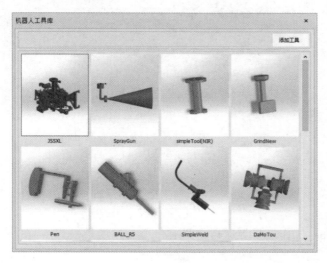

图 7-56　工具导入操作

工具导入完成后,视图窗口出现用户选中的工具的模型,在用户对工具参数设置正确的情况下,该工具会自动装到对应机器人第六轴的末端。工作站导航树中在"机器人组"节点下创建了工具的节点,与用户选中的工具名称一致,这样工具的所有参数信息就导入到了当前工程文件中,如图 7-57 所示。

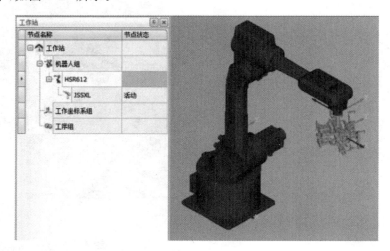

图 7-57　工具导入完成后

三、导入模型

InteRobot 机器人离线编程软件提供将工件模型、机床模型或者其他三维模型导入工程文件中的功能,支持的三维模型格式为 stp、stl、step、igs 等四种标准格式,暂不支持其他格式的三维模型的导入。当用户需要导入三维模型文件时,将导航栏切换至工作场景导航树,选中"工件组"节点,此时菜单栏中的"导入模型"菜单变为可用状态,点击"导入模型"菜单,直接弹出导入模型界面,如图 7-58 所示。或者用户也可以在"工件组"节点上单击右键选择导入模型。

图 7-58　导入模型界面的调出

没有导入工件前,工作场景导航树中只有一个工作场景根节点,在该节点下有"工件组"一个子节点。

在"导入模型"界面设置导入模型的位置、名称及颜色,点击"选择模型"按钮,在文件对话框中选择要导入的模型文件,点击"确定"按钮,就实现了模型的导入。导入后,视图中出现选中的模型文件的三维模型,并且在工作场景导航树中,在"工件组"节点下创建了以该工件名命名的子节点,如图 7-59 所示。

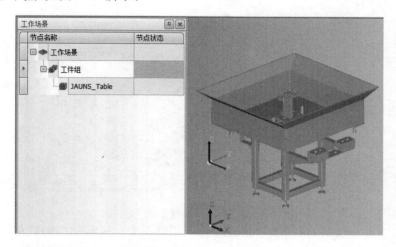

图 7-59　导入模型后

InteRobot 机器人离线编程软件支持多个模型的导入功能,重复之前的导入操作,用户可以继续导入其他模型到工程中,如图 7-60 所示,导入了两个模型文件,视图中显示两个模型,在工作场景导航树中的"工件组"节点下有两个模型的子节点。更多个模型的导入以此类推。

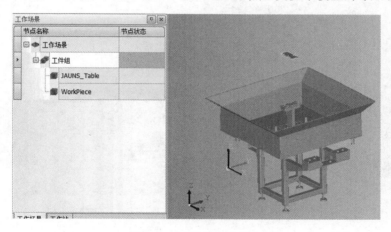

图 7-60　多个模型的导入

直接导入的模型可能不在正确的位置上,此时需要用到标定的功能将模型移动到正确的位置上,以便进行正确的后续操作。在需要标定位置的模型节点上点击右键,在弹出的快捷菜单中选择"工件标定"选项,如图 7-61 所示,系统弹出"标定"界面。

如图 7-62 所示,为标定界面和标定文件。标定功能的操作流程是:首先选取标定机器人,标定是相对于机器人基坐标而言的,不同的机器人基坐标的位置可能不同;然后点击"读取标定文件"按钮,弹出文件选择框,选取标定文件。目前,软件采用的

图 7-61　工件标定功能的调出

是三点标定法,标定文件由九个数字组成,每三个数表示一个点的坐标,总三个点的坐标值。标定文件的内容实际就是用户想要选中的三点在基坐标中的实际位置。

图 7-62　标定界面和标定文件

　　读取标定文件成功后,在"标定"界面的九个编辑框中会显示相应的数值。用户也可以选择不读取标定文件,或者直接在编辑框中输入三点在基坐标中的实际位置。

　　标定过程中要注意与设置的标定数据一一对应,如图 7-63 所示为标定前后视图的显示状态。

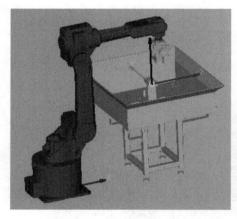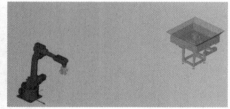

图 7-63　标定前后

四、添加工作坐标系

　　InteRobot 机器人离线编程软件支持用户在工程文件中添加坐标系的功能,添加的坐标系在后续的操作中可以使用。如图 7-64 所示,在工作站导航树中,右键选中工作坐标系组,在弹出的快捷菜单中选择"添加工作坐标系"选项,弹出"添加工作坐标系"界面。

　　如图 7-65 所示为"添加工作坐标系"界面,默认的坐标系原点是(0,0,0),坐标姿态与基坐标一致。在"当前机器人"后的文本框中选择当前机器人。创建坐标系可以点击右上角的"选取原点"按钮,然后从视图中用鼠标选中某一点作为坐标系的原点,也可以修改编辑框中对应的 X、Y、Z 数值来改变坐标系的位置。坐标系姿态可以通过 A、B、C 三个编辑框中的参数进行设置。

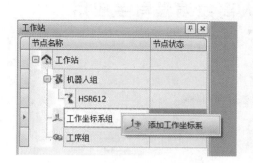

图 7-64　调出添加工作坐标系界面　　　　图 7-65　添加工作坐标系

点击"确定"按钮后,添加坐标系成功。视图窗口中会出现对应的工作坐标系,并且在工作站导航树的"工作坐标系组"节点下会产生以该坐标系命名的子节点,如图 7-66 所示。

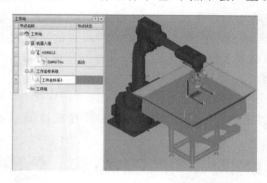
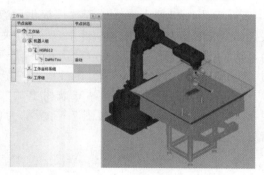

图 7-66　添加工作坐标系前后

考核评价

任务三评价表

基本素养(30 分)				
序号	评价内容	自评	互评	师评
1	纪律(无迟到、早退、旷课)(10 分)			
2	安全规范操作(10 分)			
3	参与度、团队协作能力、沟通交流能力(10 分)			
知识技能(70 分)				
序号	评价内容	自评	互评	师评
1	机器人离线工作站机器人导入方法(20 分)			
2	机器人离线工作站工具导入方法(20 分)			
3	机器人离线工作站工件模型导入方法(20 分)			
4	机器人工作坐标系创建(10 分)			
综合评价				

任务四　机器人离线编程写字应用

工作任务

使用示教操作的模式,完成机器人离线编程写字。

理论知识

参考任务二的知识准备。

任务实践

一、示教路径创建

1. 创建示教操作

InteRobot 机器人离线编程软件提供示教功能的路径规划,以及相应的运动仿真、机器人代码的输出等功能。在本软件中,所有有关示教的功能都是建立在示教操作的基础之上的,所以进行示教路径规划和运动仿真前,必须创建示教操作。在进行示教路径规划和仿真前,用户需先导入机器人、工具、工件或者工作台等。

做好示教准备后,在工作站导航树上的"工序组"节点上点击右键,选择"创建操作"选项,弹出"创建操作"界面。如图 7-67 所示为创建示教操作前视图与工作站导航树的显示情况。

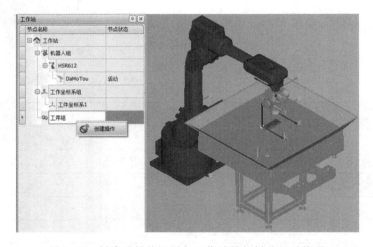

图 7-67　创建示教前视图与工作站导航树的显示情况

如图 7-68 所示为"创建操作"界面,此时"操作类型"选择"示教操作","加工模式"根据实际需要进行选择,可以选"手拿工具"或"手拿工件"模式。机器人、工具、工件是提前导入工程中的,用户选择好对应的名称,对操作进行命名,点击"确定"按钮就完成了示教操作的创建。创建操作很简单,但是创建前的准备工作非常重要。

创建示教操作完成后,在工作站导航树上的"工序组"节点下会产生一个示教操作的节点,名称跟操作名称一致,这样,该操作的信息就加载到工程文件中。如图 7-69 所示,为创建示教操作后的工作站导航树。

图 7-68　创建示教操作　　　　　　图 7-69　创建示教操作后的工作站导航树

创建好的操作信息如果出现错误，用户还可以随时修改。右键点击对应的操作节点，弹出快捷菜单，选中"编辑操作"选项，弹出当前操作的信息。图 7-70 所示为示教操作的右键菜单。

"编辑操作"界面的内容跟创建操作类似，只是此处的编辑不能改变操作的本质属性，创建的示教操作不能修改为离线操作，其他参数包括加工模式、机器人、工具、工件、操作名称都可以重新设置，如图 7-71 所示。

图 7-70　示教操作的右键菜单　　　　　　图 7-71　编辑操作

2.添加示教路径

添加示教操作后，可以在示教操作上添加路径点，形成示教加工路径。在示教操作上右键，在快捷菜单中选择"编辑点"选项，如图 7-72 所示。

在没有添加点的情况下，点编号是 0，表示路径中没有点，如图 7-73 所示。

通过调整右边的"机器人属性"栏中机器人的当前位置参数来调整机器人的姿态，如图 7-74 所示，将机器人姿态调整到合适姿态后，如果想添加该点为加工时机器人的路径点，可以点击"编辑点"窗口中的"记录点"按钮。

图 7-72　编辑点菜单

图 7-73　路径中没有点的编辑点界面

图 7-74　调整机器人姿态

点击"记录点"按钮后,用户便将机器人当前位置记录到加工路径中,此时"编辑点"界面上的编号变为 1,表示路径中有一个点。依此类推,将所有的点都添加到加工路径中,编号也会相应增加。关闭"编辑点"界面后,再次打开这些点依然存在,并且可以继续添加点。如图 7-75 所示,为添加一个点后的"编辑点"界面。

在实际加工中,用户可能需要机器人运动到某些特殊的点位上去,这时通过调节机器人的姿态很难精确达到该点处,在"编辑点"界面中"选点"按钮可以将机器人直接定位至某一个特殊的点,点击"选点"按钮后,在视图窗口中选中该点,机器人立即到达指定位置,再点击"记录点"按钮将该点位姿记录到加工路径中,如果记录的点不能满足需求,可对该姿态进行调整后再点击"记录点"按钮,将该点位姿记录到加工路径中。

二、输出机器人控制代码

离线操作、示教操作和码垛操作都具有输出机器人代码的功能。示教操作和码垛操作在路径点添加完成之后就可以输出机器人代码,离线操作则需要在生成路径成功之后才能

图 7-75　添加一个点后的编辑点界面

输出机器人代码。满足前提条件的情况下,右键选中需要输出机器人代码的操作节点,在弹出的快捷菜单中选择"输出代码"选项,如图 7-76 所示,弹出"代码输出"界面。

　　如图 7-77 所示,在弹出的"代码输出"界面中,列表中列举了工程中所有操作及详细信息,用户选中需要输出代码的操作,"控制代码类型"包括"实轴""虚轴"两种模式。选择输出代码的保存路径及名称,点击"输出控制代码"按钮,即可将代码输出到用户设置的路径。点击"阅读控制代码"按钮,可直接将已生成的代码文件打开。

图 7-76　输出机器人代码功能的调出

图 7-77　代码输出

　　代码的输出还可以根据用户选定的工件坐标系输出,输出代码的点位信息是基于工件坐标系的,这样的代码可移植性高。用户勾选工件坐标系选项框,在下拉框中选中对应的坐标系,并设置该坐标系在示教器中的编号。

三、实训具体要求

（1）标定机器人工具坐标系，以机器人所持笔尖作为新工具 TCP，方向如图 7-78 所示。

（2）确定工件与机器人空间相对位置。

（3）使用离线编程软件生成如图 7-79 所示的"HNC"轨迹。

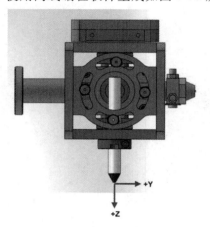

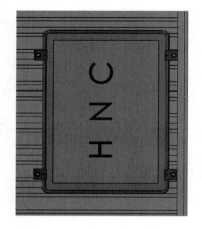

图 7-78　新建工具坐标原点及方向　　　　图 7-79　"HNC"轨迹

（4）使用离线编程软件，设置机器人、工具及工件参数，并完成表 7-1、表 7-2。

表 7-1　工具参数

工具号		
TCP 位置	X	
	Y	
	Z	
TCP 姿态	A	
	B	
	C	

表 7-2　工件参数

机器人型号		
工件 P1 点	X	
	Y	
	Z	
工件 P2 点	X	
	Y	
	Z	
工件 P3 点	X	
	Y	
	Z	

（5）"N"字离线轨迹如图 7-80 所示。

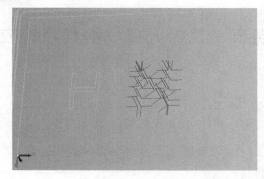

图 7-80　"N"字轨迹

（6）根据实际情况填写表 7-3（可附表）。

表 7-3　加工数据

驱动元素	弦高误差	最大步长	路径条数	路径类型	压力值	速度

考核评价

任务四评价表

基本素养（30 分）				
序号	评价内容	自评	互评	师评
1	纪律（无迟到、早退、旷课）（10 分）			
2	安全规范操作（10 分）			
3	参与度、团队协作能力、沟通交流能力（10 分）			
知识技能（70 分）				
序号	评价内容	自评	互评	师评
1	机器人写字工作站搭建方法（30 分）			
2	机器人写字轨迹创建方法（30 分）			
3	机器人程序输出（10 分）			
综合评价				

任务五　机器人离线编程喷涂应用

工作任务

应用工业机器人离线编程软件，使用离线操作的模式，完成机器人离线编程喷涂。

理论知识

参考任务二的知识准备。

任务实践

一、创建离线路径

1. 创建离线操作（以打磨为例）

InteRobot 机器人离线编程软件提供离线功能的路径规划，以及相应的运动仿真、机器人代码的输出功能。在本软件中，所有有关离线的功能都是建立在离线操作的基础之上的，所以进行离线路径规划和运动仿真前，必须创建离线操作。在进行离线路径规划和仿真前，用户需先导入机器人、工具、工件或者工作台等。根据前面章节的步骤，先导入工程文件，并将工件标定到正确的位置上，做好创建离线操作的准备工作。

做好离线准备工作后，在工作站导航树上的"工序组"节点上右键点击，在弹出的快捷菜单中选择"创建操作"选项，弹出"创建操作"界面。创建离线操作的流程跟示教操作是一样的，用户可以参考示教操作的创建步骤。如图 7-81 所示为创建离线操作前视图与工作站导航树的显示情况。

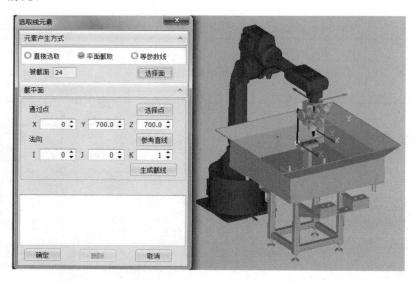

图 7-81　创建离线操作前视图与工作站导航树的显示情况

创建离线操作完成后，在工作站导航树上的"工序组"节点下会产生一个离线操作的节点，名称跟操作名称一致，这样，该操作的信息就加载到了工程文件中。如图 7-82 所示为创建离线操作后的工作站导航树。

2.自动路径添加

自动路径也是用户给离线操作添加路径的方式之一。自动路径指的是用户通过选择需要加工的面或者线,将选中的面或者线通过一定的方式离散成点,再将点添加到加工路径中的方式。加工的路径点是批量添加到加工路径中的。用户想要在离线操作中实现自动路径添加,先在左边的导航树上选中离线操作,在选中的节点上右键点击,在弹出的快捷菜单中选中"路径添加"选项,即可弹出路径添加界面。如图 7-83 所示为自动路径添加界面。

图 7-82　创建离线操作后的工作站导航树　　　图 7-83　自动路径添加界面

点选"自动路径"项,再点击"确定"按钮,弹出如图 7-84 所示为"自动路径"界面,"驱动元素"包括"通过线"和"通过面"两种方式。"通过线"是指用户指定所需线并设置相关参数,根据设置将线离散成点。"通过面"是指用户指定所需面并设置相关参数,根据设置将面离散成点。选择好驱动元素后,点击界面下方的"⊕"按钮可以向列表中更新数据。

1)"通过面"方式

若用户选择"通过面"方式,点击"⊕"按钮后,列表中出现一条记录,在视图中选择所需面,此时对象号显示为选中面。如图 7-85 所示,为用户添加一条通过面的记录。此时,列表中的离散状态为未离散,材料侧为未选择,方向为未选择。

图 7-84　自动路径界面　　　图 7-85　自动路径通过面添加一条记录

173

添加路径记录后，在列表中选中该行，点击"曲面外侧选择"后的"选择"按钮，用户选择加工时工具所在的一侧。在视图中会出现两个方向选择线，鼠标选中合适的材料侧。选择完成后，列表中显示材料侧为数字，表示用户已经选择过材料侧了，如果用户选错，只用重新点击"选择"按钮，再选择一次即可。如图 7-86 所示为选择曲面外侧的过程和选中后列表的状态。

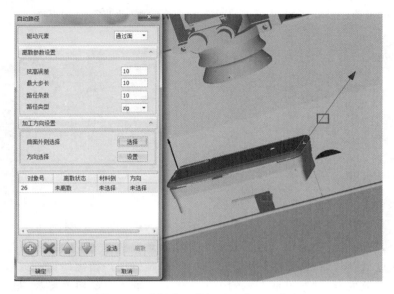

图 7-86　选择曲面外侧及选中后的状态

在列表中选中该行，点击"方向选择"后的"设置"按钮，用户选择加工时的路径运动方向。在视图中会出现八个方向选择线，用户用鼠标选中合适的加工方向。选择完成后，列表中方向为数字，表示用户已经选择过方向了，如果用户选错，只用重新点击"设置"按钮，再选择一次即可。如图 7-87 所示为选择方向的过程和选中后列表的状态。

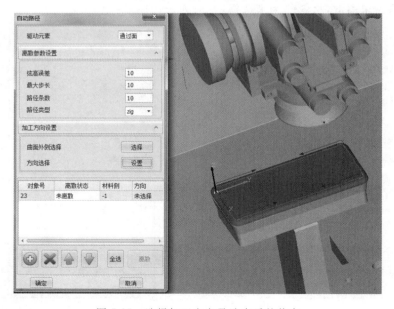

图 7-87　选择加工方向及选中后的状态

完成材料侧和方向的选择后,还剩离散状态是未离散。在离散前要进行离散参数的设置,面生成的离散参数包括弦高误差、最大步长、路径条数、路径类型的设置。设置好后,在列表中选中要离散的行,点击右下角的"离散"按钮。此时视图中显示离散后得到的路径点。如图 7-88 所示为设置离散参数时的离散效果。

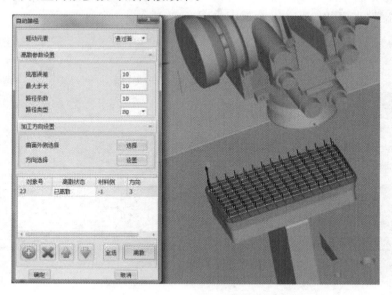

图 7-88　设置离散参数的离散效果

依此类推,用户可以添加多条通过面生成的加工路径,通过列表下方的按钮可对列表中的加工路径进行添加、删除、上移、下移等操作。当所有通过面的路径添加完毕后,点击"确定"按钮,将所有点添加到加工路径中,在左边工作站导航树种增加了路径的节点信息,如图 7-89 所示。

2)"通过线"方式

"通过线"方式指的是将选中的所需的线进行离散成加工路径点的方式。在"自动路径"界面将驱动元素改为"通过线",点击下方的"添加"按钮,弹出"选取线元素"界面,如图 7-90 所示。

图 7-89　自动路径添加后增加的路径点

图 7-90　"选取线元素"界面

  "选取线元素"界面为用户提供了三种选择线的方式,包括"直接选取""平面截取""等参数线"。图 7-90 所示为"直接选取"方式的界面,用户先点击"选择面"按钮,选择线所在的面,再点击"选择线"按钮,选中相应面上的线。选取完成后,在列表中会多一行记录,如图 7-91 所示。依此类推,用户可以多次进行直接线元素选取。

  当用户选择"平面截取"方式时,界面如图 7-92 所示。

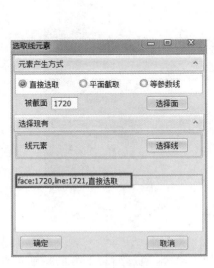

图 7-91　直接选取线　　　　　　　　图 7-92　平面截取选择线

  选取"平面截取"方式时,点击"选择面"按钮,在视图中选取被截面。被截面被选中后响应编辑框中出现该面的编号,并且"截平面"栏变为可用状态。如图 7-93 所示为选择被截面后的视图状态。

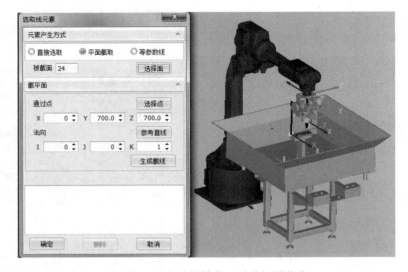

图 7-93　用户选择被截面后的视图状态

  点击"截平面"栏中的"选择点"按钮,再在视图中选中某点,可以让截平面通过该点。点击"参考直线"按钮,可以选定截平面的法向。通过这两个功能,用户可将截平面从默认状态修改至实际所需状态。如图 7-94 所示为修改截平面后的视图状态,图中框出的线段即为截线。

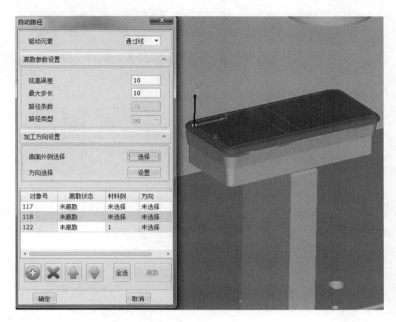

图 7-94　修改截平面后的视图状态

点击"生成截线"按钮,将设置好的截线保存至列表中,列表中出现一行线的记录。

选取"等参数线"方式时,界面如图 7-95 所示。

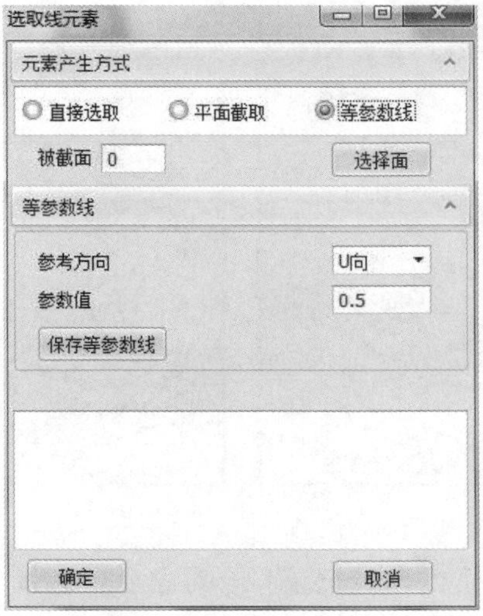

图 7-95　等参数线方式

点击"选择面"按钮,在视图中选择好所需面。在"等参数线"栏中,用户需要设置"参考方向"和"参数值","参考方向"包括"U 向"和"V 向",参数值可设置为 0 到 1 之间的参数。点击"保存等参数线"按钮,将设置好的参数线保存至列表中,视图中就会出现参数线,若修改等参数线的参数,则生成不同位置的等参数线,如图 7-96 所示为用户选择参考方向为 U 向的等参数线情况。

图 7-96　选择不同参考方向的获得的等参数线

　　直接选取、平面截取、等参数线三个方式用户可以随意切换使用,并且在列表中可以添加不同方式的线。如图 7-97 所示为添加了三种不同方式的四条线。点击"确定"按钮,在自动路径界面中,即可显示添加的四条路径。

图 7-97　添加四条不同方式的线

　　与"通过面"一样,刚添加上的路径记录只有对象号,"离线状态""材料侧""方向"都是未设置状态。在列表中选中该行,点击"曲面外侧选择"按钮,选择加工时工具所在的一侧。与"通过面"的操作完全一样,在视图中会出现两个方向选择线,用户用鼠标选中合适的材料侧。选择完成后,列表中显示"材料侧"为数字,表示用户已经选择过材料侧了。

　　在列表中选中该行,点击"方向选择"按钮,选择加工时的路径运动方向。在视图中会出现两个方向选择线,选中合适的加工方向。选择完成后,列表中方向为数字,表示已经选择过方向了,如果选错,只用重新点击"设置"按钮,再选择一次即可。如图 7-98 所示为选择方向的过程和选中后列表的状态。

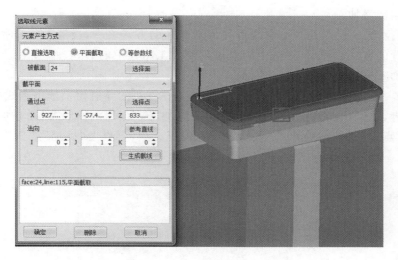

图 7-98　选择加工方向及选中后的状态

　　完成材料侧和方向的选择后，此时只有"离散状态"是"未离散"。在离散前要进行离散参数的设置，面生成的离散参数包括弦高误差、最大步长两个参数的设置。设置好后，在列表中选中要离散的行，点击右下角的"离散"按钮。此时视图中显示离散后得到的路径点。如图 7-99 所示为离散效果。

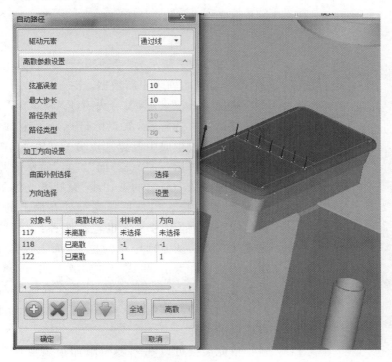

图 7-99　离散效果

　　依此类推，用户可以添加多条通过面生成的加工路径，在列表下方有列表操作按钮添加、删除、上移、下移等功能。当所有通过线的路径添加完毕后，可以点击"确定"按钮，将所有点添加到加工路径中。在左边工作站导航树种增加了路径的节点信息。

3. 手动路径添加

"手动路径"方式也是用户给离线操作添加路径的方式之一,指的是用户通过鼠标点击或是参数设置的方式选择点,将选中的点添加到加工路径中的方式。添加的点是一个一个陆续添加到加工路径中的。

用户想要在离线操作中实现手动路径添加,先在左边的导航树上选中离线操作,在该节点上点击右键,在弹出的快捷菜单中选择"路径添加"选项,即可弹出"路径添加"界面,如图 7-100 所示。点选"路径编程方式"下的"手动路径"选项,再点击"确定"按钮,弹出"手动路径"界面。

图 7-100　手动路径添加功能的调出

图 7-101　手动路径界面

如图 7-101 所示为"手动路径"界面,点击左上角的"添加"按钮可以向列表中新数据。

添加一行记录后,编号为 0,PX、PY、PZ 为空,这是因为用户还没有选择点,故点的信息还不全,此时可以在点击生成或参数生成中设置选点方式。在"点击生成"栏中,"参考元素"包括"点""线""面","点"意味着用户用鼠标直接在视图中选中所需的点,"线"意味着光标处在线上的投影点,"面"意味着用户选择光标处在面上的投影点。"参数生成"栏中的参考元素也包括两种:"线"和"面"。线上设置 U 参数,从而确定点的位置,面上设置 U、V 参数确定点的位置。点击"生成"或"参数生成"选择一个即可,选好参考元素,点击按钮,在视图中选取所需对象即可在列表中添加点的详细信息。如图 7-102 所示为手动路径添加点前后的差异。

依此类推可以在列表中添加很多点,组成加工路径,在列表的上方,有列表操作按钮,包括添加、删除、上移、下移等,通过这些按钮可以对添加的点进行适当的修改。

"手动路径"界面中下面有一栏是调整姿态,指的是用户可对列表中的点的姿态进行调整,调整包括法向和切向的调整。法向可以实现面的法向,沿直线、方向。点击"面的法向"按钮,用户可以在视图上选择一个面,使点的法向与选中的面的法向一致。点击"沿直线"按

图 7-102 手动路径添加点前后

钮,用户可以在视图中选择一条线,使点的法向与线的方向一致。点击"反向"按钮,则当前的法向取反方向。切向则提供角度调整框,设置好角度后点击"归零"按钮,切向也可以设置为反向,选择相反的方向。

点添加完毕后,点击"确定"按钮将所有点添加到加工路径中,并回到"路径添加"界面,再点击"确定"按钮即可将路径点都添加到工程文件中。在左边工作站导航树中增加了路径的节点信息,如图 7-103 所示。

图 7-103 手动路径添加后增加的路径节点

二、具体实训要求

(1)标定机器人工具坐标系,以机器人所持喷嘴作为新工具 TCP,方向如图 7-104 所示。

(2)确定工件与机器人相对位置关系。

（3）使用离线编程软件完成喷涂任务，要求将工件的正表面均匀喷涂，工件形状如图 7-105 所示。

图 7-104　新建工具坐标原点及方向　　　　　图 7-105　喷涂后的工件

（4）使用离线编程软件，设置机器人、工具及工件参数，并完成表 7-4、表 7-5。

表 7-4　工具参数

工具号		
TCP 位置	X	
	Y	
	Z	
TCP 姿态	A	
	B	
	C	

表 7-5　工件参数

机器人型号		
工件 P1 点	X	
	Y	
	Z	
工件 P2 点	X	
	Y	
	Z	
工件 P3 点	X	
	Y	
	Z	

（5）根据喷涂工艺要求填写表 7-6（可附表）。

表 7-6 喷涂信息

驱动元素	弦高误差	最大步长	路径条数	路径类型	压力值	速度

（6）如图 7-106 所示为喷涂部分的离线轨迹。

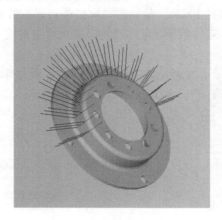

图 7-106 喷涂离线轨迹

考核评价

任务五评价表

基本素养（30 分）				
序号	评价内容	自评	互评	师评
1	纪律（无迟到、早退、旷课）（10 分）			
2	安全规范操作（10 分）			
3	参与度、团队协作能力、沟通交流能力（10 分）			
知识技能（70 分）				
序号	评价内容	自评	互评	师评
1	机器人喷涂工作站搭建方法（30 分）			
2	机器人喷涂离线轨迹创建方法（30 分）			
3	机器人程序输出（10 分）			
综合评价				

项目八　工业机器人数字孪生虚拟调试

【项目介绍】

工业机器人数字孪生虚拟调试软件(以下简称虚拟调试软件)是一款自主研发的工业机器人软件,能够实现虚拟机器人工作站的布局与仿真调试、满足智能机器人工作站设计和虚拟调试的教学实训要求。利用虚拟仿真技术、通信技术、工业控制器编程技术、机器人控制技术、局域组网和远程互联技术等,对智能机器人工作站进行虚拟仿真控制编程,实现智能机器人工作站数字孪生体的布局设计、搭建和调试,并能将结果移植到真实机器人工作站中。

虚拟调试软件提供了丰富的数字孪生模型库,可以自主搭建工作站场景,并对场景中的传感器、夹具、机器人、料仓、气缸等运动装备与部件进行信号数字孪生自定义。虚拟调试软件能够与博途、机器人控制器进行通信,实现真实的 PLC 程序和机器人控制器控制虚拟执行器,实现工作站的集成调试,验证方案设计的合理性。本项目的工作任务及职业技能点如图 8-1 所示。

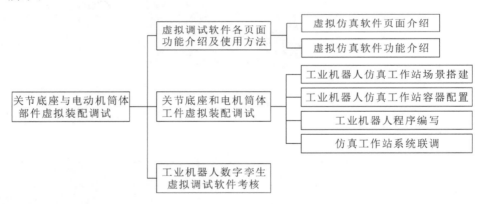

图 8-1　工业机器人数字孪生虚拟调试工作任务及工作流程

【教学目标】

- 掌握机器人工作站的布局设计与场景搭建;
- 掌握运动装备与部件之间的信号定义方法;
- 掌握控制虚拟机器人运动的基本原理和方法。

【技能要求】

- 能够在虚拟场景中通过工业机器人程序控制实现关节底座与电动机筒体部件的装配;
- 能正确导入机器人及各功能模块、外围装备、工件等模型;
- 能正确搭建工业机器人 1+X 平台;
- 能正确定义运动装备与部件信号。

任务一　虚拟调试软件主要功能及使用方法介绍

工作任务

本任务的学习目的为熟悉虚拟仿真软件的快捷键使用、模型位置设定、剪切板使用、容器配置、工业机器人点位示教、工业机器人程序编写、系统仿真运行、仿真视频录制等虚拟仿真软件的基本功能。

理论知识

一、软件介绍

工业机器人数字孪生虚拟调试软件能够支持工作站布局搭建、电气与传感信号配置与调试、PLC 与机器人程序设计、工作站和自动化线虚拟调试与仿真运行、机器人 IPC 和 PLC 等硬件进行数据交互,实现工业机器人工作站的搭建与全流程调试与仿真运行。通过在虚拟仿真中设计的案例可以进行工业机器人程序编写、PLC 逻辑控制、工作站和自动化产线联调等教学内容的仿真训练。

任务实践

一、虚拟调试软件界面

虚拟调试软件界面包括主菜单、快速工具栏、功能区、场景视窗、侧边栏、编辑窗口等,如图 8-2 所示。

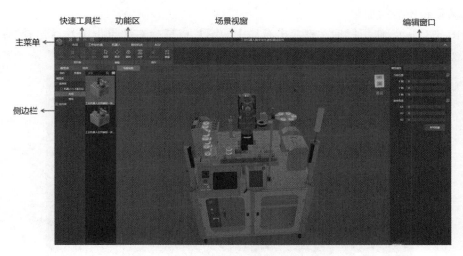

图 8-2　虚拟调试软件主界面

（1）主菜单:通过点击软件图标,可以扩展以显示带有附加功能的弹出菜单,在此可对文件进行打开、保存等一些基础操作。

（2）快速工具栏:包括打开、保存等最常用的工具,点击"重置" 可以清空现有文件,回到初始打开的状态。

（3）功能区:功能区以选项卡形式组织,分为 5 个选项卡,每个选项卡界面下都包含一系列的面板。

（4）场景视窗：场景视窗是用户建立场景文件以及工作的区域。

（5）侧边栏：包含案例库、模型组件和项目树，可进行复制粘贴等。

（6）编辑窗口：编辑窗口显示的内容随着功能区面板的激活以及场景视窗文件的变化而发生相应的变化，具体内容跟选择的命令有关。

二、虚拟仿真软件功能介绍

1. 虚拟仿真软件快捷键

为了方便场景视角的切换，可使用鼠标和键盘搭配的快捷操作。具体快捷键的使用如表 8-1 所示。

表 8-1　虚拟仿真软件快捷键图文对照表

	左键单击选择，双击打开目录
	右键单击展开选项，长按以屏幕下边为中心点旋转视角
	中键滑动缩放视角，长按平移视角
W A S D	左右移动视角，上下缩放视角
F	快速将视角平移到模型前面
Alt +	Alt＋左键以屏幕中心为中心旋转视角
Alt +	Alt＋右键慢速平移缩放
Ctrl + Z	撤销操作
Ctrl + Y	恢复操作

2. 场景和模型的加载

如图 8-3 所示，使用鼠标左键双击布局中的图片或鼠标右键点击图片后选择"在场景中加载"，然后在场景视图中点击任意一点，加载模型到场景中。

图 8-3　场景和模型的加载

3. 模型位置设定

按照图 8-4 所示，选中需要移动的模型，使用"移动"命令拖动模型坐标系进行移动，或者通过修改模型属性中的坐标参数进行位置修改。

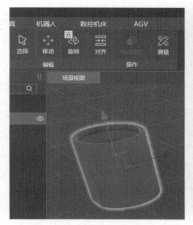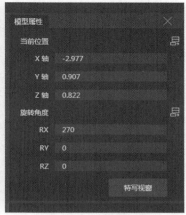

模型加载与
位置设定

图 8-4 模型位置设定

4. 剪切板功能

使用剪切板可实现对模型的剪切、复制和粘贴。如图 8-5 所示,在使用粘贴功能时,粘贴的模型和选中的模型会在同一节点。

图 8-5　虚拟仿真软件剪切板功能

5. 容器

容器是具有输入和输出信号以及仿真运动抽象封装的功能模块。如图 8-6 所示,容器由对象容器和程序容器组成,其中对象容器可实现对物料、气缸、传感器、夹具、按钮、指示灯、回转机构、加工中心和数控车床的控制。程序容器用于控制设备的一系列运动,实现对工业机器人和数控机床的仿真运行的控制,包含工业机器人程序容器、数控车床程序容器和加工中心程序容器。

图 8-6　容器类型

6. 容器配置

(1)对象容器配置。首先选择需要配置的容器类型,然后点击场景中的模型,将容器与模型进行绑定,如图 8-7 所示,配置成功的对象可以在运动的节点中使用(见图 8-8)。

(2)程序容器配置。在工作站仿真界面点击"程序→机器人"。在"机器人容器"配置窗口中,首先为机器人程序容器进行重命名,然后将模型绑定为"HSR_工业机器人",在事件类型中可根据需要选择"信号"或"程序",点击"添加事件",完成程序容器的配置,如图 8-9 所示。注意:容器的执行是按照配置顺序执行的,例如当事件 1 执行完成以后才执行事件 2,一个程序容器可容纳多个信号事件和程序事件。

7. 工业机器人硬件连接

点击"华数工业机器人连接",在出现的"机器人连接"对话框中选择机器人类型,如图 8-10 所示。添加示教器 IP 地址和端口号,注意:在连接之前需要将本地电脑 IP 地址和示教

图 8-7 对象容器配置

图 8-8 信号配置视图

器 IP 地址设置为同一网段,如图 8-11 所示。

工业机器人
程序容器配置

图 8-9 工业机器人程序容器配置   图 8-10 工业机器人连接

图 8-11　本地电脑 IP 设置

8. 工业机器人示教器连接

在机器人界面,点击"示教连接",选择"华数机器人示教器",弹出如图 8-12 所示"示教连接"对话框,在"示教连接"对话框中将"使用的连接"选择为"华数机器人连接♯1","连接的对象"选择为"HSR_工业机器人"。此时操作机器人示教器,实物机器人和虚拟仿真软件中的机器人模型同时运动。通过点击"切换虚拟轴"实现虚拟轴控制机器人示教器,此时实物机器人不受示教器控制,软件中机器人模型跟随示教器操作移动。

9. 工业机器人附加轴配置

如果使用的是 B 型工业机器人,则需要为其配置附加

图 8-12　工业机器人示教器连接

轴,点击"配置",系统弹出附加轴配置窗口如图 8-13 所示。将"运动对象"选择为"HSR_行走轴底座","运动轴"选择为"X 轴",点击"校零"输入转换率,再点击"确定"按钮。(注意输入的转换率越大机器人移动的速度越快)

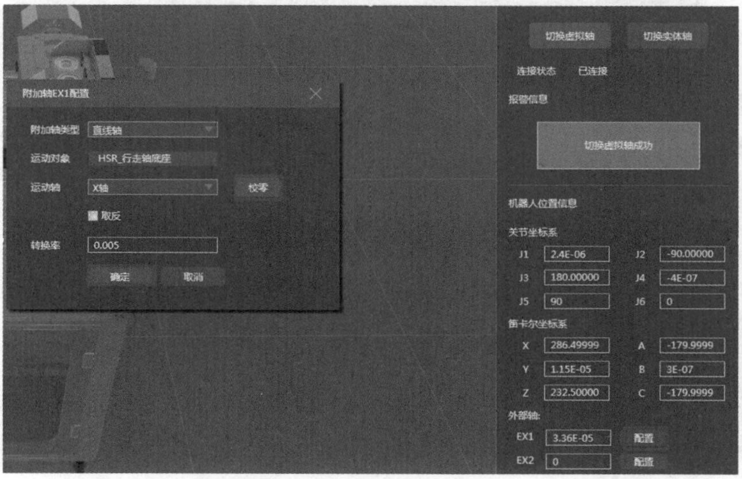

图 8-13　工业机器人附加轴配置

10. 工业机器人点位映射

首先需要建立工业机器人信号连接,在工作站仿真页面点击"信号",选择"HSR-IO",然后在页面右侧对话框中将"来源连接"选择为"华数机器人连接♯1",完成以后点击图 8-14 所示的"点位映射"按钮,系统自动弹出如图 8-15 所示工业机器人 IO 信号配置视图。在配置视图中选择"对象容器",然后选中要配置的容器信号,建立该容器与机器人信号映射关系。(注意:工业机器人输入和输出信号的起始地址均是从 300 开始)

图 8-14 工业机器人信号连接

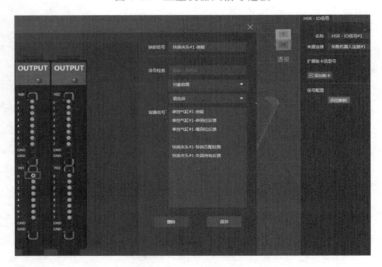

图 8-15 工业机器人点位映射

11. 虚拟示教连接

在不连接硬件的情况下软件可通过虚拟示教器对仿真的工业机器人完成示教与编程操作。首先需要进行虚拟示教器的连接,在机器人界面,点击"虚拟示教",系统弹出如图8-16所示"虚拟示教"对话框,将示教对象绑定为"HSR_工业机器人"。

12. 工业机器人点位示教

如图 8-17 所示,通过调节坐标数值对机器人进行示教,首先在①处的下拉框中选择工业机器人移动速度,在②中选择机器人坐标系类型,然后点击③处的加号和减号使工业机器人移动。当工业机器人到达目标点后,点击"记录位置"按钮,完成工业机器人点位示教操作。"移动到点"表示可将工业机器人

图 8-16 虚拟示教连接

移动到示教点位,"更新点位"可实现对示教点位的位置刷新。除上述方式移动工业机器人以外,也可以直接拖动工业机器人末端法兰盘位置的三维坐标系来移动工业机器人。

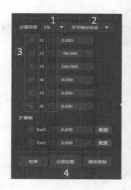

工业机器人
点位示教

图 8-17　工业机器人点位示教

13. 工业机器人程序编写

完成工业机器人点位的示教以后,在机器人页面点击"程序录制"。在弹出的示教程序页面首先为程序重命名,然后新增运动指令与示教点位,完成如图 8-18 所示的工业机器人程序的编写。编写完工业机器人程序以后点击"录制"按钮,等待工业机器人运动结束。

工业机器人
程序编写

图 8-18　工业机器人程序编写

14. 容器功能块配置

机器人为了完成一个复杂的工作流程,还需要使用到功能块容器。功能块容器一共有 5 种,分别为与、或、非、计时器和寄存器。功能块容器主要用于对象容器与程序容器之间逻辑的实现。

图 8-19　容器功能块配置

15. 仿真运行

仿真是对仿真模型动作的验证,如图 8-20 所示,点击"开始"开启仿真,点击"暂停"可暂停仿真,点击"停止"关闭仿真状态,工业机器人夹具和装配工件将回到仿真开启之前的状态。

图 8-20 仿真运行

16.仿真视频录制与保存

点击"录制",弹出录制操作窗口,如图 8-21 所示。点击"开始"按钮开启工业机器人仿真运动视频录制。仿真运动结束后点击"结束"按钮,保存录制的视频文件,点击"保存"后当视频录制时间为零时证明视频保存完成。

图 8-21 仿真视频录制

考核评价

任务一评价表

基本素养(30 分)				
序号	评价内容	自评	互评	师评
1	纪律(无迟到、早退、旷课)(10 分)			
2	安全规范操作(10 分)			
3	参与度、团队协作能力、沟通交流能力(10 分)			
知识技能(70 分)				
序号	评价内容	自评	互评	师评
1	掌握虚拟仿真软件快捷键的使用(10 分)			
2	能够加载模型库中的模型(10 分)			
3	掌握对象容器和程序容器配置的方法(10 分)			
4	能够在虚拟仿真软件中完成机器人点位示教(10 分)			
5	能够在虚拟仿真软件中完成机器人程序的编写(10 分)			
6	掌握仿真功能开启、暂停、停止的控制(10 分)			
7	掌握虚拟仿真软件录制视频的方法(10 分)			
综合评价				

任务二 底座与电动机筒体部件虚拟装配调试

工作任务

现需要在虚拟仿真软件中完成工业机器人装配虚拟仿真工作站的搭建,并通过场景中信号和模块动作的关联编写工业机器人程序,使工业机器人能够在虚拟工作站中完成关节底座与电动机筒体部件的装配。

(1)待装配部件由关节底座工件和电动机工件组成,零件的外形结构如图 8-22 所示。

图 8-22 待装配工件图

(2)工业机器人虚拟仿真工作站由工业机器人、快换夹具模块、仓储模块、井式供料模块、皮带运输模块、变位机模块和旋转供料模块等组成,如图 8-23 所示。工业机器人的关节坐标原点从轴一到轴六依次为{0、−90、180、0、90、0}。

图 8-23 工业机器人虚拟仿真工作站

理论知识

工业机器人运动指令:本任务中需要使用到的机器人运动指令有 L 指令和 J 指令两种。

其中 L 指令以机器人当前位置为起点,控制其在笛卡儿坐标范围内进行直线运动,常用于对轨迹控制有要求的场合。该指令的控制对象只能是机器人组。J 指令以单个轴或某组轴(机器人组)的当前位置为起点,移动某个轴或某组轴(机器人组)到目标点位置。移动过程不进行轨迹以及姿态控制。机器人末端工具的运动路径通常是非线性的,在两个指定的点之间任意运动。

任务实践

一、工业机器人仿真工作站场景搭建

新建机器人工作站场景,将模型库中的工业机器人、称重与 RFID 支架、变位机模块、井式供料模块、物料暂存模块、标定模块、称重单元组件、皮带运输模块、旋转供料模块、视觉检测模块、仓储模块、RFID 模块、实训台和快换夹具模块加载到场景中并调整各模块的位姿,使各模块布局合理且均在工业机器人工作范围以内。

1.新建工业机器人工作站场景

打开工业机器人虚拟调试仿真软件,点击图标进入主菜单页面,点击"新建",创建场景。

2.导入功能模块

分别将实训台、工业机器人、称重与 RFID 支架、变位机模块、井式供料模块、物料暂存模块、快换夹具模块等加载到场景中。并根据表 8-2 模块位置属性依次将各功能模块放置在工业机器人工作范围以内。注:机器人工作范围:轴 1(−180°～180°)、轴 2(−155°～5°)、轴 3(−20°～240°)、轴 4(−180°～180°)、轴 5(−95°～95°)、轴 6(−360°～360°)。

表 8-2　模块位置属性

模型名称(A 平台)	X	Y	Z	RX	RY	RZ
实训台	0	0.698	0.006	270	0	0
工业机器人	0.023	0.907	−0.178	270	0	0
称重与 RFID 支架	−0.126	0.984	0.159	270	90	0
RFID 模块	−0.051	1.092	0.163	270	0	0
井式供料模块	0.478	0.889	0.441	270	0	0
仓储模块	0.496	0.9	0.102	270	0	0
变位机模块	−0.505	0.901	0.112	270	0	0
快换夹具模块	0.495	0.901	−0.258	270	0	0
标定模块	0.21	1.061	−0.478	270	0	0
物料暂存模块	0.195	0.901	0.161	270	0	0
皮带运输模块	0.058	1.075	0.497	270	180	0
称重单元组件	−0.197	1.091	0.138	270	0	0
视觉检测模块	−0.176	0.9	0.512	270	0	0
旋转供料模块	−0.504	1.062	−0.419	270	0	0

续表

模型名称（B平台）	X	Y	Z	RX	RY	RZ
实训台	0	0.698	0.006	270	0	0
工业机器人行走轴	0.161	0.978	−0.078	270	0	0
称重与 RFID 支架	0.133	0.984	−0.519	270	0	0
RFID 模块	0.061	1.092	−0.517	270	0	0
井式供料模块	0.486	0.889	0.443	270	0	0
仓储模块	−0.497	0.9	0.101	270	180	0
变位机模块	−0.497	0.901	−0.368	270	0	0
快换夹具模块	0.443	0.901	−0.518	270	90	0
标定模块	−0.182	1.061	−0.398	270	0	0
物料暂存模块	0.365	0.901	0.284	270	0	0
皮带运输模块	0.065	1.075	0.497	270	180	0
称重单元组件	0.206	1.091	−0.497	270	180	0
视觉检测模块	−0.17	0.905	0.512	270	0	0
旋转供料模块	−0.43	1.058	0.442	270	270	0

3. 工件放置

将模型库中关节底座模型和电动机筒体模型加载到场景中。关节底座放置在立体料仓中，复制立体料仓中放料位置的属性，粘贴到"关节底座工件"，然后手动将关节底座工件的旋转角度 RY 输入为 90，如图 8-24 所示。电动机筒体放置在旋转供料台的物料托盘中，注意需要根据旋转供料模块上的物料底座的旋转角度值调整电动机筒体 RY 的角度，如图 8-25 所示。

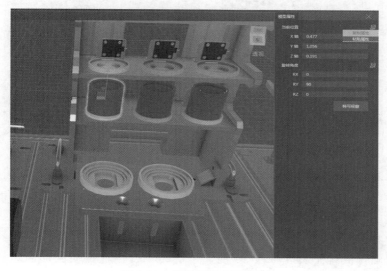

图 8-24 关节底座工件放置

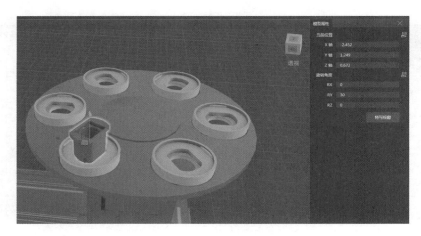

图 8-25　电动机筒体工件放置

二、工业机器人仿真工作站容器配置

根据系统运行要求,在工作站中完成关节底座工件和电动机装配所需功能模块的仿真运动设计,其中主要包括机器人快换夹头、弧口夹具、直口夹具、圆形回转机构和单控气缸等运动对象的仿真功能实现。

1.对象容器配置

如图 8-26 所示以弧口夹具容器配置为例,选择"夹具→手爪夹具"选项,在弹出的窗口中将模型绑定为"HSR_弯爪手爪"。按照弧口夹具对象容器配置的方法依次完成快换夹头、直口夹具、圆形回转机构和单控气缸容器的配置。

图 8-26　弧口夹具容器配置

2.对象容器配置验证

如图 8-27 所示,开启仿真,点击容器的使能可看到弧口夹具有夹紧的动作,说明弧口夹具容器配置正确。按照弧口夹具容器验证方法依次完成快换夹头、直口夹具、单控气缸、圆形回转机构的容器验证。其中验证圆形回转机构时需要输入角度值,如图 8-28 所示,点击"使能"可看到旋转供料模块以每秒 30° 的速度旋转 30°,由此证明圆形回转机构容器配置正确。

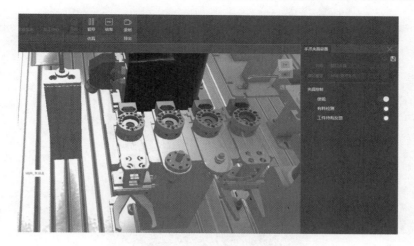

图 8-27 弧口夹具容器

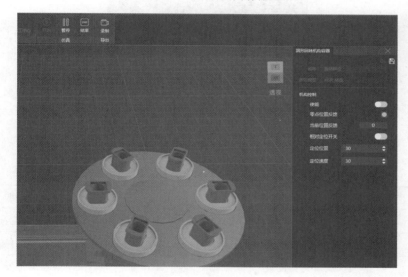

对象容器
配置

图 8-28 旋转供料模块容器

三、工业机器人程序编写

根据工业机器人装配要求,示教工业机器人点位、编写并录制机器人程序,使工业机器人能完成关节底座工件和电机工件装配,然后将成品工件放置在立体仓库中关节底座原来的位置。

1. 虚拟示教连接

在机器人界面,点击"虚拟示教",将示教对象选择为"HSR_工业机器人",如图 8-29 所示。

2. 机器人拾取弧口夹具点位示教

如图 8-30 所示,首先在①处的下拉框中选择工业机器人移动速度,在②中选择机器人坐标系类型,然后

图 8-29 虚拟示教连接

通过点击③处的加号和减号使工业机器人移动,当工业机器人到达目标点时,点击"记录位置",完成工业机器人点位示教操作。还可通过直接拖动工业机器人末端法兰盘位置的三维坐标系进行移动。本任务需要示教的点位如表 8-3 所示。

8-30 机器人拾取弧口夹具点位示教

表 8-3 工业机器人点位说明

点位名称	点位说明	点位名称	点位说明
P1	机器人原点	P12	弧口夹具外侧高度点
P2	机器人左侧过渡点	P13	关节底座工件位置
P3	弧口夹具位置	P14	关节底座工件安全高度
P4	弧口夹具接近	P15	关节底座工件过渡点
P5	弧口夹具外侧	P16	机器人右侧过渡点
P6	弧口夹具安全高度点	P17	关节底座工件装配位置
P7	弧口夹具外侧高度点	P18	关节底座工件装配安全高度
P8	直口夹具位置	P19	电动机工件位置
P9	直口夹具接近	P20	电动机工件安全高度
P10	直口夹具安全高度点	P21	电动机工件装配位置
P11	直口夹具外侧	P22	电动机工件装配安全高度

3.机器人拾取弧口夹具程序编写

完成工业机器人弧口点位的示教与程序编写以后,在机器人页面点击"程序录制",系统自动弹出程序编写界面。对于本任务需要编写 15 段工业机器人程序,具体程序如表 8-4 所示。(注:工业机器人程序编写的方法请参考任务一中"工业机器人程序编写"的内容)

表 8-4　机器人拾取弧口夹具程序录制

序号	程序名称	序号	程序名称
1	到达弧口夹具位置	9	电动机工件装配
2	取走弧口夹具	10	释放直口夹具
3	到达关节底座位置	11	换取弧口夹具
4	关节底座工件装配	12	夹取成品工件
5	释放弧口夹具	13	成品搬运到料仓
6	换取直口夹具	14	释放弧口夹具
7	取走直口夹具	15	机器人回原点
8	到达电动机工件位置		

4. 弧口夹具手动安装

如图 8-31 所示,点击示教点位"P3:弧口夹具位置",点击"移动到点",待工业机器人移动到弧口夹具位置。在工作站仿真界面打开仿真并开启快换夹具使能,如图 8-32 所示。

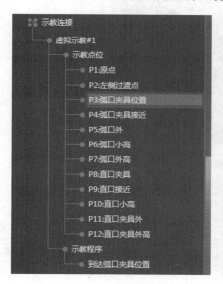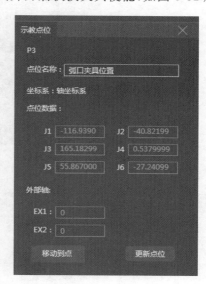

图 8-31　工业机器人移动到点

图 8-32　快换夹具手动使能

5. 关节底座工件装配点位示教

在开启仿真功能的状态下,通过点击"弧口夹具容器使能"的方法将关节底座工件搬运到变位机模块并完成工业机器人的点位示教。本任务需要示教的点位如表 8-4 所示。

四、仿真工作站系统联调

根据系统运行要求,结合功能模块的运动仿真设计和机器人程序设计,启动仿真使用视频录制功能,录制一整套工业机器人仿真装配的流程。

1. 机器人程序容器制作

在工作站仿真界面点击"机器人",将模型绑定为"HSR_工业机器人",如图 8-33 所示。然后依次按照表 8-5 所示为机器人容器添加事件。

图 8-33　工业机器人容器配置

表 8-5　工业机器人程序容器配置

序号	事件类型	事件名称	序号	事件类型	事件名称
1	Input 信号事件	系统开始	13	Input 信号事件	变位机气缸伸出到位
2	程序事件	到达弧口夹具位置	14	程序事件	释放弧口夹具程序
3	Output 信号事件	快换夹头使能	15	Output 信号事件	快换夹头使能关
4	Input 信号事件	快换夹头工件持有反馈	16	Input 信号事件	快换夹头持有反馈
5	程序事件	取走弧口夹具	17	程序事件	换取直口夹具
6	程序事件	到达关节底座位置	18	Output 信号事件	快换夹头使能
7	Output 信号事件	弧口夹具使能	19	Input 信号事件	快换夹头持有反馈
8	Input 信号事件	弧口夹具工件持有	20	程序事件	取走直口夹具
9	程序事件	关节底座工件装配	21	Output 信号事件	旋转供料模块旋转
10	Output 信号事件	弧口夹具使能关	22	程序事件	到达电机工件位置
11	Input 信号事件	弧口夹具有料检测反馈	23	Output 信号事件	直口夹具使能
12	Output 信号事件	变位机气缸夹紧	24	Input 信号事件	直口夹具工件持有

续表

序号	事件类型	事件名称	序号	事件类型	事件名称
25	程序事件	电动机工件装配	36	Input 信号事件	变位机气缸缩回到位
26	Output 信号事件	直口夹具使能关	37	Output 信号事件	弧口夹具使能
27	Input 信号事件	直口夹具工件持有反馈	38	Input 信号事件	弧口夹具工件持有
28	程序事件	释放直口夹具	39	程序事件	成品搬运到料仓
29	Output 信号事件	快换夹头使能关	40	Output 信号事件	弧口夹具使能关
30	Input 信号事件	快换夹头工件持有反馈	41	Input 信号事件	弧口夹具工件持有反馈
31	程序事件	换取弧口夹具	42	程序事件	释放弧口夹具
32	Output 信号事件	快换夹头使能	43	Output 信号事件	快换夹头使能关
33	Input 信号事件	快换夹头工件持有	44	Input 信号事件	快换夹头工件反馈
34	程序事件	夹取成品工件	45	程序事件	机器人回原点
35	Output 信号事件	变位机气缸松开			

2. 工业机器人装配流程设计

根据如图 8-34 所示的工件装配流程图完成程序容器和对象容器之间的连接，如图 8-35 所示。注意：在容器连接时，输入信号只能与输出信号相连接，同一容器可多次使用。

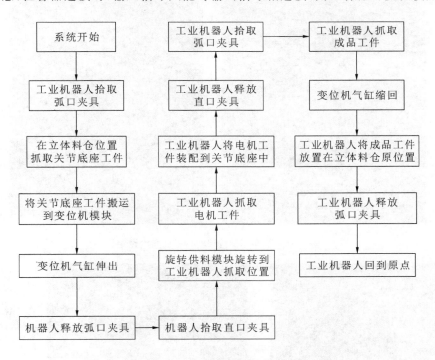

图 8-34　工业机器人工件装配流程

3. 仿真系统运行

在工作站仿真页面开启仿真，双击"圆形回转机构♯1"，在定位位置与定位速度对话框中分别输入 30，如图 8-36 所示。然后点击程序列表中的"机器人♯1"，在右侧机器人容器对

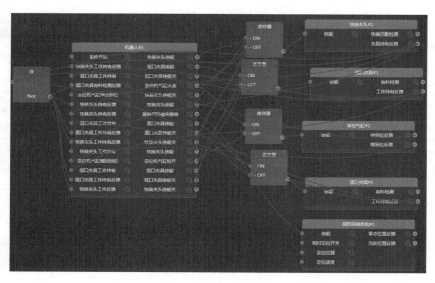

图 8-35　装配逻辑连接

话框中,点击"系统开始"启动系统,如图 8-37 所示。等待系统运行结束,工业机器人回到原点,点击"结束"完成系统运行。

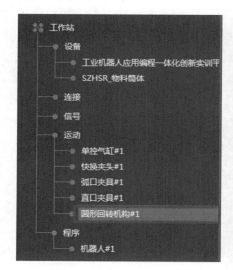

图 8-36　旋转供料模块速度和位置设定

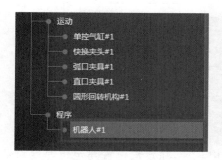

系统运行流程

图 8-37　系统运行

考核评价

任务二评价表

基本素养（30 分）			
序号	评价内容	自评	互评	师评
1	纪律（无迟到、早退、旷课）（10 分）			
2	安全规范操作（10 分）			
3	参与度、团队协作能力、沟通交流能力（10）			
知识技能（70 分）			
序号	评价内容	自评	互评	师评
1	完成工业机器人虚拟工作站的搭建（10 分）			
2	完成工业机器人虚拟工作站中容器配置（10 分）			
3	完成仿真机器人程序编写和点位示教（25 分）			
4	完成工业机器人虚拟工作站系统联调（25 分）			
综合评价			

任务三　工业机器人数字孪生虚拟调试软件模拟考核

工作任务

　　现需要在虚拟仿真软件中完成工业机器人装配虚拟仿真工作站的搭建，并通过场景中信号和模块动作的关联编写工业机器人程序，使工业机器人能够在虚拟工作站中完成关节底座工件和减速器工件的装配，具体工件如图 8-38 所示。

图 8-38　装配工件

理论知识

工业机器人装配工作站参见图 8-23。

　　工作站中使用到的快换夹具有 3 种，分别为弧口夹具、吸盘工具和直口夹具，如图 8-39 所示。其中弧口夹具用于取放关节底座工件，直口夹具用于取放电机工件，吸盘工具用于取放减速器工件和输出法兰工件。

图 8-39 工业机器人快换工具

任务实践

一、仿真工作站场景搭建

根据下述要求,使用工业机器人数字孪生虚拟调试软件,新建机器人工作站场景、导入模型库中的功能模型并通过软件中的布局模块进行位置调整,要求各模块位置布局合理,机器人工作范围可达,保证后续仿真流程可以正常执行。

(1)打开工业机器人数字孪生虚拟调试软件,新建工业机器人工作站。

(2)将工业机器人、称重与 RFID 支架、变位机模块、井式供料模块、标定模块、称重单元组件、皮带运输模块、旋转供料模块、视觉检测模块、仓储模块、RFID 模块、实训台和快换夹具模块加载到场景中。

(3)将各功能模块合理布局在如图 8-40 所示的实训台中,保证在工业机器人工作范围内,且能够优化工艺流程,提高工业机器人的工作效率。

(4)为工业机器人工作站添加装配工件,其中关节底座工件放置在仓储模块,减速器工件放置在旋转供料模块。

图 8-40 实训台

二、装配应用运动仿真设计

根据系统运行要求,在工作站中完成关节底座与减速器的装配所需功能模块的仿真运动设计,其中主要包括机器人快换夹头、弧口夹具、吸盘工具、圆形回转机构、单控气缸等运动对象的仿真功能实现。

(1)机器人快换夹头配置。制作工业机器人快换夹头对象容器,使工业机器人能够拾取、释放弧口夹具和吸盘工具。

(2)弧口夹具配置。制作弧口夹具对象容器,使工业机器人能够对关节底座工件和成品工件进行夹取和释放。

(3)吸盘工具配置。制作吸盘工具对象容器,使工业机器人能够对减速器工件进行吸取和释放。

(4)圆形回转机构运动配置。制作圆形回转机构对象容器,通过手动输入定位位置和定位速度使减速器工件能够旋转到工业机器人抓取位置。

(5)单控气缸运动配置。制作单控气缸对象容器,使工件在进行装配时变位机气缸能够夹紧,当工件装配完成时,变位机气缸能够松开。

三、虚拟装配逻辑程序设计

根据工业机器人装配要求,示教工业机器人点位、编写并录制机器人程序,使工业机器人能完成关节底座工件和减速器工件装配,然后将成品工件放置在立体仓库中关节底座原来的位置。

(1)快换夹具模块逻辑设计。编写工业机器人拾取和释放弧口、吸盘工具程序并示教相关点位。

(2)关节底座工件装配逻辑设计。编写工业机器人使用弧口夹具将关节底座工件搬运到装配台程序,并示教相关点位。

(3)减速器工件装配逻辑设计。编写工业机器人使用吸盘工具吸取减速器工件,然后将减速器工件搬运到关节底座工件中的程序,并示教相关点位。

(4)成品入库逻辑设计。编辑工业机器人从变位机气缸处搬走成品工件,放置在立体仓库中关节底座原来位置的程序,并示教相关点位。

四、工业机器人虚拟装配系统联调

根据系统运行要求,结合任务二中功能模块的运动仿真设计和任务三机器人程序设计,完成如图 8-41 所示的工业机器人装配流程设计。启动仿真使用视频录制功能,录制一整套工业机器人装配流程的视频。

(1)关节底座工件装配。启动录制功能,开启仿真,手动设置圆形回转机构容器的定位位置与定位速度,工业机器人首先拾取弧口夹具,然后抓取关节底座工件并搬运到变位机模块,关节底座工件搬运到变位机位置后控制变位机气缸夹紧。

(2)减速器工件装配。工业机器人自动更换吸盘工具,旋转供料模块自动旋转到机器人抓取位置,机器人吸取减速器工件,然后将减速器工件装配到变位机气缸夹紧的关节底座中。

(3)成品入库逻辑设计。工业机器人从变位机气缸处搬走成品工件,在弧口夹具夹紧成品工件之后,变位机气缸缩回,然后将成品放置到立体仓库中关节底座原来的位置,接着释放弧口夹具并返回坐标原点。

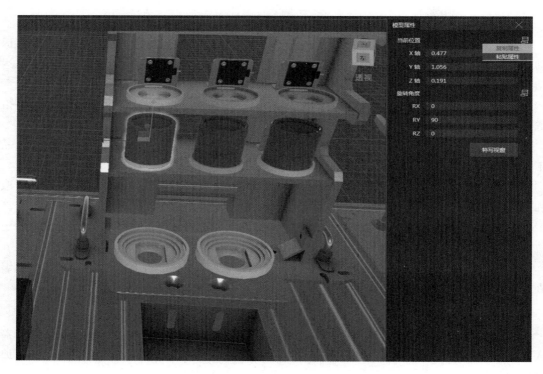

图 8-41　工业机器人装配流程

(4)视频文件保存。系统运行结束,停止视频录制,将录制视频文件保存到电脑中。

考核评价

任务三评价表

基本素养(30 分)			
序号	评价内容	自评	互评	师评
1	纪律(无迟到、早退、旷课)(10 分)			
2	安全规范操作(10 分)			
3	参与度、团队协作能力、沟通交流能力(10)			
知识技能(70 分)			
序号	评价内容	自评	互评	师评
1	完成工业机器人虚拟工作站的搭建(10 分)			
2	完成关节底座工件装配(20 分)			
3	完成减速器工件装配(20 分)			
4	完成成品工件入库(20 分)			
综合评价			

项 目 小 结

　　本项目通过在软件中完成虚拟工件装配的任务,学习到根据装配工艺进行工业机器人工作站布局设计的概念,机器人示教编程的操作方法,机器人装配工艺流程设计方法,机器人与周边设备运行调试,从而完成了虚拟工件的装配任务。

思考与练习

实操题

现需要在虚拟仿真软件中完成工业机器人装配虚拟仿真工作站的搭建,并通过场景中信号和模块动作的关联编写工业机器人程序,使工业机器人能够在虚拟工作站中完成关节底座工件和输出法兰盘工件的装配,具体工件如图 8-42 所示。

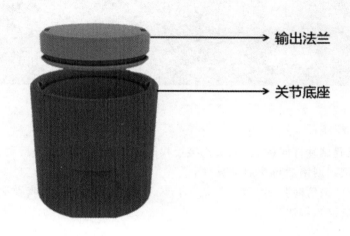

输出法兰

关节底座

图 8-42　装配工件

附录　工业机器人数字孪生虚拟调试软件安装方法

在软件的安装之前需要检查计算机硬件 CPU、显卡、内存等配置是否符合虚拟调试软件运行要求,如果硬件不满足软件运行需求,需要及时对硬件进行调整,以免影响软件正常运行。

● 虚拟调试软件安装实施

一、硬件配置

● 运行平台:Microsoft Windows 7~10 版本。
● CPU:Intel i7 或六代以上 i5(或同等级 AMD 系列)。
● 显卡:NVIDIA GTX 1050 及以上(或同等级 AMD 系列),显存 2 GB 及以上。
● 内存:运行内存大于等于 8 GB。
● 硬盘:固态硬盘大于等于 240 GB。
● 显示器:分辨率大于等于 1920×1080×32 位真色彩、刷新频率 60 Hz。

二、虚拟调试软件的安装与激活

1. 安装虚拟调试软件

双击工业机器人数字孪生虚拟调试软件安装包,系统进行自动安装。

2. 虚拟调试软件授权激活。

打开虚拟调试软件,如图 8-43 所示,将激活码输入到授权码输入框中,点击"激活"。需要注意:每个激活码只能使用一次。当系统显示"激活成功"说明虚拟调试软件已完成激活。

图 8-43　虚拟调试软件授权激活界面

三、报错处理和注意事项

(1)启动虚拟调试软件时弹出"无法连接授权码服务器"信息,应当检测计算机当前是否连接到网络。连接到网络后再次启动软件。

(2)当进行软件激活时弹出"激活失败"时,说明当前激活码错误或激活码已过期,需要联系厂家技术人员进行解决。

参 考 文 献

［1］ 佛山华数机器人有限公司,重庆华数机器人股份公司.HSpad-201 使用说明书 HSC3-V1.4.5,2021.

［2］ 张培艳.工业机器人操作与应用实践教程［M］.上海:上海交通大学出版社,2009.

［3］ 叶晖.工业机器人典型应用案例精析［M］.北京:机械工业出版社,2013.

［4］ 柳洪义,宋伟刚.机器人技术基础［M］.北京:冶金工业出版社,2002.

［5］ 孙迪生,王炎.机器人控制技术［M］.北京:机械工业出版社,1997.

［6］ 叶晖,管小清.工业机器人实操与应用技巧［M］.北京:机械工业出版社,2010.

［7］ 兰虎.焊接机器人编程及应用［M］.北京:机械工业出版社,2013.

［8］ 余达太,马香峰.工业机器人应用工程［M］.北京:冶金工业出版社,1999.